优质猕猴桃标准化生产技术

魏金成　李丙奇　范娜娜　主编

U0242743

中原农民出版社

·郑州·

图书在版编目（CIP）数据

优质猕猴桃标准化生产技术 / 魏金成，李丙奇，范娜娜主编 . — 郑州：中原农民出版社，2023.10（2023.11 重印）

ISBN 978-7-5542-2817-3

Ⅰ.①优… Ⅱ.①魏… ②李… ③范… Ⅲ.①猕猴桃－果树园艺－标准化 Ⅳ.①S663.4

中国国家版本馆CIP数据核字（2023）第186797号

优质猕猴桃标准化生产技术

YOUZHI MIHOUTAO BIAOZHUNHUA SHENGCHAN JISHU

出 版 人：刘宏伟
策划编辑：段敬杰
责任编辑：侯智颖
责任校对：王艳红
责任印制：孙 瑞
装帧设计：杨 柳

出版发行：中原农民出版社
地　址：郑州市郑东新区祥盛街 27 号　　邮编：450016
电话：0371-65788199（发行部）　0371-65788652（天下农书第一编辑部）

经　销：全国新华书店
印　刷：河南新达彩印有限公司
开　本：787mm×1092mm　1/16
印　张：5
字　数：80 千字
版　次：2023 年 10 月第 1 版
印　次：2023 年 11 月第 2 次印刷
定　价：20.00 元

如发现印装质量问题，影响阅读，请与印刷公司联系调换。

本书编委会

主　编　魏金成　李丙奇　范娜娜

副主编　孙雷明　许世杰　魏远新

参　编　毛家伟　李建锋　黄　博　刘小玉

　　　　张国钦　裴利娜　张跃宗　张改平

　　　　余　飞　乔思钰　李红梅

前言

猕猴桃产业是一个生态产业、健康产业、富民产业、国际化大产业。近年来，大部分猕猴桃生长适宜区都将猕猴桃产业的发展作为农村经济支柱产业重点培育、强力推进、大力扶持，使产业不断向着标准化、现代化迈进，产业规模不断壮大，并在全国果树生产中占据重要地位，为农村经济的发展、生态环境的改善、农民的增收开辟了一条致富道路。

为推广猕猴桃标准化生产技术，大力推进标准化建设，提高猕猴桃产品的质量和产量，最大限度地增加农民收入，本书编者在收集、参阅猕猴桃生产技术资料的基础上，撰写了猕猴桃生产的实用技术读本。本着"让果农看得懂、记得住、能学会、好使用"的原则，本书用通俗易懂的语言诠释了猕猴桃标准化生产的深远意义；讲解了猕猴桃园区规划建设及苗木培育，土、肥、水管理，树体管理，病虫害防治，果实采收与贮藏包装，自然灾害及肥害的防御等关键技术；明确了猕猴桃标准化管理的主要条件，规范了猕猴桃各个环节的技术标准，还介绍了新西兰猕猴桃栽培技术，便于从业者参考。对于推广普及猕猴桃实用技术，具有一定的促进作用。

欲求木之长者，必固其根本；欲流之远者，必浚其泉源。要大力推进优质猕猴桃标准化建设，促进产业大发展，就必先健全科技服务网络，提升整体猕猴桃生产技术水平。而推广猕猴桃实用技术，就要通过农民技术员的典型示范和辐射带动，来解决猕猴桃实用技术的普及问题，进而使猕猴桃产业朝着标准化生产不断迈进，最终实现中国优质猕猴桃标准化生产的宏伟目标。

本书在编写过程中，参考了同行的一些研究成果，在此一并感谢！因编者水平有限，书中难免出现疏漏之处，恳请同行专家及广大读者批评指正，并期望在后续实践及著作中修订完善。

编者

2022 年 8 月 31 日

目录

一、猕猴桃标准化生产的意义

近几年，我国在农业转方式、调结构、促改革等方面进行积极探索，为进一步推进农业转型升级打下一定基础，但农产品供求结构失衡、要素配置不合理、资源环境压力大、农民收入持续增长乏力等问题仍很突出。增加产量与提升品质、成本攀升与价格低迷、库存高企与销售不畅、小生产与大市场、国内外价格倒挂等矛盾亟待破解。必须顺应新形势、新要求，坚持问题导向，调整工作重心，实施乡村振兴战略，深入推进农业供给侧结构性改革，推进实施农业标准化，加快培育农业农村发展新动能，开创农业现代化建设新局面。

推进实施农业标准化，核心是提升农业企业、农民专业合作社和家庭农场等各类新型农业生产经营主体农业标准化生产能力。当前，要让各类新型农业生产经营主体充分认识到，只有实施标准化生产才能"种（养）得好"，实现"卖得好"。要尽早跳出"农业就是种粮养猪"的简单思维模式，告别"撒下一把种子长出菜来就能卖，端一盆饲料养出猪来就能挣钱"的粗放型种植、养殖的传统观念，树立"学经验不如学标准"的现代农业新理念。

农业标准化把先进的科学技术和成熟的经验组装成农业标准，推广应用到农业生产和经营活动中，把科技成果转化为现实的生产力，使农业发展科学化、系统化，是推动农业产业升级的一项十分重要的基础性工作。2004年《中共中央 国务院关于促进农民增加收入若干政策的意见》中提到"支持农民专业合作组织建设标准化生产基地"，2016年《中共中央 国务院关于深入推进农业供给侧结构性改革加快培育农业农村发展新动能的若干意见》中提到"坚持质量兴农，实施农业标准化战略，突出优质、安全、绿色导向，健全农产品质量和食品安全标准体系"。因此，猕猴桃标准化生产对围绕满足市场需求，保障消费安全，增强猕猴桃市场竞争能力，实现猕猴桃生产数量、质量、效益并重，增加果农收入，都具有非常重要的现实意义。

同时，大力推行猕猴桃标准化生产，以标准化改造传统生产方式，对推进现代猕猴桃产业发展具有极其深远的影响。

二、园区规划建设及苗木培育

（一）园区规划建设

1. 园地选择 生产基地应选择远离工矿区和公路、铁路干线，在无污染和生态条件良好的地区。适宜猕猴桃生长的区域，要求生长季节风力小，极端风速小于 10 m/s，海拔以 200 ~ 1 000 m 为宜，年降水量 700 ~ 1 900 mm，年最低气温不低于 -10 ℃。生产基地要求土质疏松肥沃、土层深厚、pH 5 ~ 7，透水透气性好，有可靠的灌溉水源，地下水位 1 m 以下，排水良好，并且交通运输方便。

低洼浸水地、霜冻较严重、土层太薄、交通不便、污染严重、水资源匮乏、沙石土、黏重黄土、坡度大的山坡等环境恶劣的地方不宜栽植猕猴桃。如果生产基地离公路、城市较近，要建立隔离带，保证生产基地的产品不受外来污染源的影响。

2. 土壤深翻与改良

1）深翻改土 根据土壤检测结果计算施肥量，对壤土，每亩（1 亩 ≈ 667 m²）施入 5 000 kg 以上优质有机肥，同时将调节土壤 pH 的石灰或硫黄均匀地撒到土壤表层或定植行，深翻 70 ~ 100 cm，混合均匀，耙平。

2）定植行确定 根据地势、地形、土壤性质、地下水位等因素做畦做垄，确定定植行。行向尽量采用南北向，以充分利用太阳光能。地势低洼的园区可实行高垄栽培，垄畦高度以防止水浸为准，保证土壤质地和透气性及良好的排水状况；排水良好的园区，可整成平畦或龟背式垄畦。

3. 园地规划

1）园地选择及道路设置 按照"适地适栽"的原则选择园地，在山区、丘陵建园应选择地块坡度 10° 以下为宜。根据园区地形、地势等自然条件，把园地划分为若干作业区，一般 10～30 亩划分 1 个小区，小区以道路隔开。道路设置应便于园区内管理作业和运输，园地两端留出田间工作机械的通道，排灌系统可与道路配套进行，各级排水渠道互通。

2）排灌系统设计　科学设计灌溉系统，主支管道宜采用地埋形式，便于作业和长期利用。

果园内应有排水沟，根据地形、地势、地块走向、自然坡度进行设计，由高到低设立主排水沟，沟深 60～100 cm；各小区或地块设立支排水沟，沟深 30～40 cm；坡角处设立盘山支排水沟，园地行间设立排水小沟。小沟、支排水沟的水统一流入主排水沟，排入园地外的沟渠或河流中。条件允许的情况下，建议做行间暗管排水工程，利于机械化操作。

3）田间管理房设置　田间管理房一般包含办公室、物资工具存放室、农机室、配肥配药室、休息室等，位置宜设在靠近主路和支路交叉处，便于交通和管理作业。

4）防风林营造　在主迎风面营造防风林，防风林距猕猴桃栽植行 5～6 m，以乔木为主林带，树高 10～15 m，栽植 2 排，行距 1.0～1.5 m，株距 1.0 m，"V"形栽植；灌木为副林带。面积较大的果园在园内应每隔 50～60 m 设置一道单排防风林。乔木树种可选择白杨、水杉、柳等速生树种，灌木可选枸橘、冬青、紫穗槐、黄杨、荆条、女贞、酸枣等。

面积较大的果园在园内以 30～50 亩为 1 个单元，单元与单元之间还要有宽 3 m以上的绿化隔离带，同时也是生产道路；在每块园地的四周栽上防护林，树高 2 m左右；园子内外所有裸露的土地建议种草，形成内外双重防护。这样就能达到改善果园小气候，增加园内空气湿度，防止病虫害发生蔓延，防止有害气体和灰尘污染，降低冬季寒冷季节的冻害及夏季高温对猕猴桃灼伤的效果。构建果园小气候对猕猴桃健康生长和生产优质果品至关重要。

（二）良种苗木的培育

苗木质量好坏直接影响猕猴桃结果早晚及其产量、品质和经济寿命，因此培育高质量雌、雄品种配套的优良品种苗木，是猕猴桃丰产、优质、高效栽培的基础。目前，猕猴桃主要采用实生苗嫁接培育。

1. 实生苗的培育

1）**种子采集与处理** 取种用的果实必须采自生长健壮、无病虫害的成年母本树。果实充分成熟采收后，首先应放在阴凉处软熟，然后将软熟果去掉果皮，捣碎后立即用清水冲洗。洗种应用干净的纱布将捣碎的果子包好，用清水将果肉冲洗出去，然后取出种子放在水盆中淘洗，彻底漂出杂质和空粒。将种子洗净后用纱布滤掉水分，最后放在室内摊薄晾干，切忌阳光暴晒。晾干的种子用塑料袋封装后放入4~5℃低温下贮藏备用。也可将种子装入布袋中，置于通风干燥处保存备用。要特别注意的是取种用的果实软熟后不能集中堆沤，应立即清洗。

2）**种子处理** 由于猕猴桃成熟的种子有休眠期，处在该时期的种子，即使温度、水分、空气等条件都已具备也不会发芽，必须创造适宜的外界条件，让种子度过休眠期，提高种子的发芽率和发芽整齐度。种子打破休眠主要用沙藏层积和变温处理2种方法，其次是激素处理。

（1）**沙藏层积** 将种子与5~10倍的消毒（用0.2%高锰酸钾消毒）过的湿润清洁细河沙拌匀。细河沙湿度以用手捏能成团，松开团能散为宜，含水量约为20%。将与沙混匀的种子用纤维袋（或木箱）装好，埋在室外地势高、干燥的避阴处，并用稻草和塑料薄膜等覆盖，既防止雨雪侵袭，又保证通透性，防止种子发霉腐烂。另外，种子在沙藏层积前用50~70℃的水浸泡2小时，或用细沙揉擦种子数分，破坏种皮上的油质物，能提高发芽率和发芽整齐度。沙藏层积时间一般为60~100天。

（2）**变温处理** 将种子放在4.4℃条件下6~8周，可以显著提高种子发芽率；或将种子贮藏于塑料袋内，放在4℃条件下5周，然后再经16小时的21℃和8小时的10℃变温处理，能得到更高的发芽率。中国科学院武汉植物园利用日光温室的昼夜温差，使播种后种子半个月的发芽率达到90%以上，此法可应用于生产。

（3）**激素处理** 播种前用5 g/L赤霉素溶液浸种24小时，也可取得变温处理同样的效果。

若采用冬播，不需进行任何处理，只要将种子与5~10倍细河沙拌匀，直接撒到苗床上即可，让种子接受冬天昼夜温度变化的自然变温处理。

3）**苗床准备** 苗圃地应选择避风向阳、灌溉方便、排水良好、富含有机质、疏松肥沃、呈中性或微酸性的沙质壤土。整地时也要十分精细，深翻土壤20~30 cm，施足基肥，一般每亩可施入优质腐熟农家肥500~1 500 kg，并要对土壤进行消毒，防治病虫。然后起垄整畦。

4）播种　以西峡县为例，3月中旬为春播适期。为达到提早出苗的目的，可采用塑料大棚或温室于12月至翌年1月播种，6月中下旬即可达到嫁接粗度。

采用的播种方法有条播和撒播。条播行距以20～30 cm为宜，因种子细小，播种沟深一般为2～3 mm，撒播时将种子均匀撒在畦面上。按照每千克种子可出苗15.2万株计算，在实际生产中每亩播种量1.5 kg比较适宜。播种前需将贮藏的种子用5 g/L赤霉素溶液浸24小时，然后取出晾干，再用干燥的细河沙或细黄土拌匀、备用。播种时，先在播种畦上均匀浇一层稀薄粪水或清水，待水下渗后随即均匀播种。播后在苗床上面盖2～3 mm厚的过筛细黄土或腐殖质土，其上盖地膜，地膜上盖一层5～10 cm厚的稻草。

5）苗期管理

（1）喷水　要保持畦面湿润，在干旱情况下，一般需每天早晚各喷水1次，喷水时要慢慢喷透，避免将种子冲出。

（2）揭覆盖物　种子播后约20天，即发芽出土。出苗始期要及时揭开稻草，掀起地膜，当苗木基本出齐后可以揭掉地膜，改成遮阳网或搭遮阴棚遮阴。遮阴棚一般按畦的走向搭成东高西低或南低北高的倾斜棚，可防止强光直射。棚高1.2～1.5 m，棚顶可用遮阳网等覆盖，使棚下见到"花花亮点"。

（3）间苗移栽　当幼苗长出3～5片真叶时，就可移栽。移栽前苗床灌透水或在雨后进行，便于带土起苗，并减少根系损伤。移栽圃需深翻并施入复合肥或腐熟的农家肥。其株、行距分别为8～10 cm和15～20 cm。移栽时必须边起苗、边栽植、边浇水，栽后应立即遮阴。

（4）移栽苗管理　一般幼苗长至4片真叶后需开始追肥，每隔2～3周施1次腐熟稀薄人粪尿或0.3%尿素溶液。幼苗移栽后，要及时喷水，保持湿润。适时中耕除草、防治病虫害。一般在苗高30 cm左右要进行摘心，并及时除去侧枝和萌蘖。

2. 嫁接

1）砧木的选择　目前国内多采用中华猕猴桃和美味猕猴桃实生苗作为砧木，且美味猕猴桃砧木嫁接植株长势旺、适应性较强。现在生产上也有选用对萼猕猴桃作为抗旱耐涝的专用砧木，但其对接穗品种的果实影响没有深入研究。

2）嫁接时期与方法　猕猴桃嫁接比其他树种困难，原因主要有：伤流严重，组织疏松，切口容易失水干枯；枝茎纤维多而粗，髓部大，切削面不易光滑，影响愈合；芽座大，芽垫厚，和砧木切面贴紧较难。多年实践证明，单芽切接、单芽腹接、舌接、劈接和芽接对猕猴桃均比较合适。

猕猴桃嫁接时期一般有春接、夏接和秋接 3 种，猕猴桃除"伤流期"外，可嫁接时间很长，但夏季嫁接以 6 月为好，而最适期是早春。因早春嫁接，砧木和接穗组织充实，温湿度利于形成层细胞的旺盛分裂，容易愈合，成活率高，当年萌芽的枝条充实，第二年就可以结果。春接大部分采用单芽枝切接、舌接，时间一般 1 月下旬至 3 月中旬，以萌芽前 20~30 天为宜，3~4 月易发生霜冻的地区，建议在 4 月上旬嫁接。夏季 6~7 月嫁接，需遮阴防晒，秋季嫁接通常在 9 月。

无论采取任何一种嫁接方法，保证嫁接成活的关键是：快、平、净、准、紧。"快"就是嫁接刀要锋利，嫁接动作要敏捷，尽量缩短接穗削面和砧木接口的晾晒时间；"平"就是接穗削面和砧木接口要平滑，没有凸凹处，以便二者能紧密结合；"净"就是接穗削面和砧木接口要保持干净，无杂质；"准"就是在插入接穗时要将接穗和砧木之间的形成层对准，这一点是整个嫁接过程中的关键，形成层不对准，绝对不会成活；"紧"就是对砧穗二者的包扎要紧实，不得有松散现象，只有紧实了，才能形成愈合组织。

3）嫁接后的管理要点

（1）断砧　春季采用单芽腹接的嫁接苗，成活后立即剪砧，剪口离接芽 4 cm 左右即可；夏季嫁接可分 2 次剪砧，第一次在接芽上方保留几片叶片，等接芽萌发长出新梢后，第二次可在接芽上方 3~5 cm 处剪断；秋季嫁接不剪砧，否则会促使接芽萌发，冬季冻死，一般应在翌年早春伤流前一次性剪砧为宜。

（2）除萌　待接芽萌发，及时回剪原砧木上抽生的新梢，回剪部位低于嫁接口，保持接芽的生长优势，秋冬季节及时剪除原砧木上抽生的新梢。

（3）立支柱　接芽萌发后，抽生出肥嫩的新梢，生长迅速，若不用支柱扶持，极易被风从芽基部吹断。因此，应尽早用竹竿等插在接芽对面，并及时绑缚。

（4）摘心　若培养嫁接苗，一般长至 80 cm 进行摘心；若培养"一干两蔓"树形，一般待接芽长至超过棚架主蔓丝 20 cm 左右时予以摘心，摘心的高度在主蔓丝下的 40 cm 左右处；若培养"两干两蔓"或"一干一蔓"，暂时不摘心。

（5）解绑　当接芽成活，新梢半木质化后，可及时部分松绑，等愈合部位生长牢固后，再彻底松绑。

3. 扦插繁殖

1）嫩枝扦插　嫩枝扦插也叫绿枝扦插，是用当年生半木质化枝条作插条培育苗木的方法。

嫩枝扦插主要在猕猴桃的生长期使用，一般在新梢半木质化的 5 ~ 8 月进行。在避风、阴凉的地方建立插床，铺上干净细沙或蛭石作基质。选择露水未干前采集插穗，以直径 0.4 ~ 1.0 cm 为好，长度 10 ~ 15 cm，有 2 ~ 3 个芽，剪好的枝条应置于阴凉避风场地或室内，扦插前用生长激素处理基部切口。扦插时，插条入土深度为插条长的 2/3，密度以插下后插条叶片不相互遮盖为准。插好后，浇足水，使土壤与插条紧贴。盖上遮阳网调整光照度，保持整个环境通风，同时需要调整好插床的湿度。有条件的地方可采用自动喷雾装置，则生根效果更好。

2）硬枝扦插 硬枝扦插是指利用一年生休眠期的枝条作插条培育苗木的方法。

因木质化枝条组织老化，较难生根，特别是中华猕猴桃和美味猕猴桃，在刚开始驯化利用时，国内扦插几乎不能生根，而国外仅日本可扦插成活，成活率 66.7%。为了解决异地引种的问题，中国科学院武汉植物园针对难生根的原因展开了大量的试验，选择最佳的处理组合，使生根成活率达 90% 以上：选取生长健壮、腋芽明显的一年生枝作插穗，直径 0.4 ~ 0.8 cm 为好，一般以 2 个节为度，节间短的可取 3 ~ 4 节，下切口紧靠节下平切，上切口在节上方 1 cm 处剪平；0.5% 吲哚丁酸浸蘸 5 秒，待药剂处理后即行封蜡，将蜡加热熔化后用毛笔蘸取，把上切口完全封住；插入事先准备好的插壤里，插入深度为插穗长度的 2/3，随即浇透水；同时做好棚架，以便加盖薄膜防风防雨和盖帘遮阴。扦插前期，浇水不宜太多，一般 7 ~ 10 天浇一次透水；萌芽抽梢后，晴天每隔 2 ~ 3 天浇一次透水，保持沙面不发白。插壤采用经过消毒的纯净细沙，插床底部铺埋电热线，在 10 cm 深度范围内温度保持在 20 ℃ 左右，插穗 7 天即可形成良好的愈伤组织，15 天后开始生根，40 天 80% 以上的插穗均可生根。若在自然温度条件下进行扦插，则应选择最合适的时机，如果太早，气温过低，易受冻害；太晚则气温回升过快，温度过高，萌芽展叶后会因蒸腾量过大而引起死亡。根据他们的探索，在武汉地区以 2 月底到 3 月中旬为好。

4. 组培繁殖 猕猴桃组织培养（简称组培）繁殖研究始于 20 世纪 70 年代，Hirsch（1975）首次以猕猴桃茎段为材料，进行离体培养的研究。我国相继对猕猴桃不同器官，如茎段、叶片、根段、顶芽、腋芽、花药、花粉、胚、胚乳进行了离体培养研究，并开展了组织培养技术有关基础理论及应用的研究。南阳师范学院和河南省西峡猕猴桃研究所联合开展了猕猴桃传统式组培快繁体系和开放式组培快繁体系，为商业化优良苗木的快速繁殖奠定了基础。

5. 苗木质量标准　猕猴桃成品苗质量标准见表2-1。

表2-1　猕猴桃成品苗质量标准

<table>
<tr><td rowspan="2" colspan="3">项目</td><td colspan="3">级别</td></tr>
<tr><td>一级</td><td>二级</td><td>三级</td></tr>
<tr><td colspan="3">品种与砧木</td><td colspan="3">品种与砧木纯正。与雌株品种配套的雄株品种花期要涵盖雌株品种的花期，即花期同步或稍早于雌株品种花期</td></tr>
<tr><td rowspan="5">根</td><td colspan="2">侧根形态</td><td colspan="3">侧根没有缺失和劈裂伤</td></tr>
<tr><td colspan="2">侧根分布</td><td colspan="3">均匀、舒展、不卷曲</td></tr>
<tr><td colspan="2">侧根数量/条</td><td colspan="3">一年生苗≥3；二年生苗≥4</td></tr>
<tr><td colspan="2">侧根长度/cm</td><td colspan="3">一年生苗≥20；二年生苗≥30</td></tr>
<tr><td colspan="2">侧根直径/cm
（距基部2 cm位置处）</td><td>一年生苗≥0.5
二年生苗≥0.6</td><td>一年生苗≥0.4
二年生苗≥0.5</td><td>一年生苗≥0.3
二年生苗≥0.5</td></tr>
<tr><td rowspan="8">苗干</td><td colspan="2">苗木直曲度</td><td colspan="3">直曲度（最弯处）≤15°</td></tr>
<tr><td rowspan="3">高度/cm</td><td>实生苗</td><td>苗高≥50</td><td>苗高≥40</td><td>苗高≥40</td></tr>
<tr><td>嫁接苗</td><td>一年生苗≥50
二年生苗≥60</td><td>一年生苗≥40
二年生苗≥50</td><td>一年生苗≥40
二年生苗≥50</td></tr>
<tr><td>组培苗</td><td>一年生苗≥30
二年生苗≥60</td><td>一年生苗≥20
二年生苗≥50</td><td>一年生苗≥20
二年生苗≥50</td></tr>
<tr><td rowspan="3">粗度/cm</td><td>实生苗</td><td>一年生苗≥0.8
二年生苗≥1.0</td><td>一年生苗≥0.7
二年生苗≥0.8</td><td>一年生苗≥0.6
二年生苗≥0.7</td></tr>
<tr><td>嫁接苗</td><td>一年生苗≥0.8
二年生苗≥1.2</td><td>一年生苗≥0.7
二年生苗≥1.0</td><td>一年生苗≥0.6
二年生苗≥0.8</td></tr>
<tr><td>组培苗</td><td>一年生苗≥0.7
二年生苗≥1.0</td><td>一年生苗≥0.6
二年生苗≥0.8</td><td>一年生苗≥0.5
二年生苗≥0.7</td></tr>
<tr><td colspan="3">根皮与茎皮</td><td colspan="3">无干缩皱皮、无新损伤、老损伤面积不超过2 cm²</td></tr>
<tr><td colspan="3">饱满芽数量/个</td><td>≥7</td><td>≥5</td><td>≥4</td></tr>
<tr><td colspan="3">接合部愈合程度</td><td colspan="3">愈合良好、完整，无空洞、翘皮，无大脚（砧木粗、品种苗干细）、小脚（砧木细、品种苗干粗）及嫁接部位凸起臃肿等现象</td></tr>
<tr><td colspan="3">苗干木质化程度</td><td colspan="3">完全木质化</td></tr>
<tr><td colspan="3">病虫害</td><td colspan="3">除国家规定的检疫对象外，不能携带介壳虫、溃疡病、根结线虫病、黑斑病、飞虱等</td></tr>
</table>

注：①苗干粗度，一年生实生苗和组培苗根颈部以上5 cm处节间部位的直径；二年生实生苗和组培苗根颈部以上30 cm处节间部位的直径。嫁接苗指嫁接部位以上5 cm处节间部位的直径。

②在苗木生长过程中采用摘心等措施促进苗木增粗、老化、根系发达。

6. 苗木包装和运输　苗木起出后，注明品种，标明等级、数量、雌雄株，并绑成小捆，严格保湿措施，防止失水干燥。

7. 苗木定植　高标准栽植苗木是提高苗木成活率的关键一步。

1）**栽植时间**　北方地区在落叶后萌芽前栽植。一般在11~12月，或早春3月前栽植，这时苗木处在休眠状态，体内贮藏的营养多，蒸腾量小，根系容易恢复，成活率高。也可在秋季雨期带叶栽植。南方地区冬季温暖，很少结冻，秋季雨水比春季多，以秋冬栽植为好，这样有利于根系恢复、伤口愈合，缓苗期短，萌发早，抽梢快，生长旺。

2）**雌雄株配置**　猕猴桃为雌雄异株植物，雌树结果，雄树授粉，离开哪一个也不行。不授粉的雌树通常不结果，即使结果也是畸形果。雌雄株比例搭配适当，才能授粉充分，结果多。

当前我国猕猴桃生产中雌雄株配置比例以（5~8）：1居多。日本主张雌雄比为6：1；新西兰采用带状定植，1行雄株配1~2行雌株。常见雌雄株配置方式见图2-1。

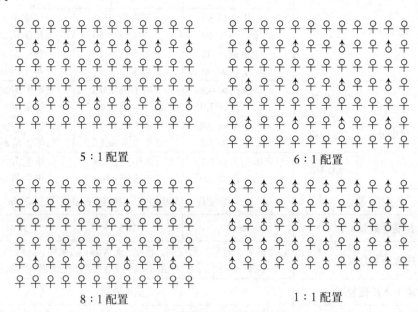

5：1配置　　　　　　　　6：1配置

8：1配置　　　　　　　　1：1配置

图2-1　雌雄株配置方式

注：♀为雌株，♂为雄株

3）**雌性品种**　选择具备强健长势、强抗逆性、高产优质、成熟期适宜、风味和质地独特、果面果形美观、贮藏性强、货架期长且适于当地生态条件（气候、土壤条件）栽培的优良品种。

4）**雄性品种**　配置雄性品种很重要，关系到栽植后能不能达到优质高产。对雄性品种的具体要求是：一是和雌性品种花期一致，即花期相遇。二是开花期要长，最好是早于雌性品种 2～3 天开花，晚于雌性品种 2～3 天谢花，即雄性品种花期涵盖雌性品种花期；如果一个雄性品种做不到，可考虑配置花期相近的两个雄性品种。三是要求花量大，出粉率高，花粉发芽率高，且与雌性品种授粉亲和力强，能产生高品质的果实。有些地区主张少栽雄株，多栽雌株，以达到产量高，这是错误的想法。雄株少，则授粉不良，果小，畸形，产量低，导致商品果很少。

5）架型

（1）"T"形架　沿行向每隔 6 m 栽植一个立柱，立柱可采用结实牢固的水泥柱或镀锌管，地上部分高 1.9 m，地下部分 0.7 m，横梁上顺行架设 5 道镀锌钢丝，每行末端立柱外 2 m 左右埋设地锚拉线或架设斜撑，地锚埋入深度 1.0～1.5 m。

（2）大棚架　大棚架立柱的规格及栽植密度同"T"形架，垂直行向在立柱顶端架设镀锌管或钢绞线，在横梁上每隔 50～70 cm 顺行向架设镀锌钢丝，第一道钢丝离中心丝垂直距离 30 cm，每竖行末端或每横行末端立柱埋设地锚或架设斜撑，将立柱顶上的纵横主丝拉紧固定在地锚上，并拉紧呈网格状。另在栽植行棚架下 20～25 cm 处，架设一道主蔓绑缚中心丝。

6）栽植密度　栽植的株行距要根据品种长势、土壤肥力、不同架式、管理水平和机械化程度而定，大棚架多采用的株行距为（2～3）m×（4～5）m，"T"形架株行距 3 m×4 m。

7）栽植方法

（1）砧木选择　宜使用亲和性较好的专用砧木。

（2）解绑　栽苗前，嫁接苗塑料条要解绑，或用刀片将塑料条纵向划开，并清理干净。

（3）修枝　栽植前对幼苗地上部分修剪，嫁接口（或根颈部）以上选留 3～4 个饱满芽短剪，其余分枝全疏除。

（4）根系处理　栽植前对受损伤或霉烂部分的根系进行修剪，剪至健康部位，剪口平整；对长达 30 cm 以上的根适当短剪，剪口应平整。宜使用泥浆蘸根处理。

（5）栽植　避免在雨天栽苗。以定植点为中心，挖定植穴，直径 0.3～0.4 m，深 0.3～0.5 m，根据苗木根系发达程度确定定植穴大小。将苗木放置穴中央隆起的小土丘上，根系分布均匀，以 45° 向四周舒展，以防"窝根"；扶正，使根系的根颈部确保在定植点，再将细散的表土填入根际；根颈部与地面平齐，嫁接口应露出地面，适当压紧，使根系舒展并与土壤密切结合，切忌重踩。栽完以幼苗为中心，形成直径 1 m 的树盘，边沿围高约 15 cm 的土。浇足定根水，可同时灌施 1 800 倍液噁霉灵原药。冬季可覆盖地膜（根颈处需撕裂出一个直径约 15 cm 的圆形透气孔，并用土将地膜内部边缘至根部覆盖）。注意填土应高于地面，灌透水下陷后和地面平，但必须保证土壤不能掩盖根颈。

（6）立支柱引干　萌芽前后离苗木约 5 cm 处立一支柱以引绑主干，材料可用竹、木或其他坚硬的材质，长支柱直径 2～3 cm，高约 2.3 m，上部固定在中心钢丝上，下部插入土中约 20 cm；也可使用直径 2～3 cm、长 20～30 cm 的短木棍作地钉，斜插入土中，以细绳一头牢固绑缚在地钉上，另一头绑在中心钢丝上，拉紧固定。

三、猕猴桃土、肥、水管理

土壤是猕猴桃生长的基础，根系从土壤中不断吸收养分和水分，供给地上部分生长发育的需要，土壤的状况与猕猴桃生长结果的优劣关系极为密切。种植猕猴桃的土壤要通过提高土壤肥力，提升土壤抗植物病原菌的潜力，以增强猕猴桃的自身抵抗力。土壤的好坏决定猕猴桃是否能够健康生长，因此，进行标准化生产的核心内容是培育健康、肥沃的土壤，即提高土壤有机质含量及有益生物活性，改良土壤结构，促进土壤团粒化，提高土壤肥力和活性，使土壤变得疏松肥沃，增强土壤的渗水、保水、透气能力，为猕猴桃的根系生长提供一个良好的环境。好的土壤有利于猕猴桃扎根，形成庞大的根系吸收网络，充分吸收土壤里面的养分，树体才能健壮生长，才能提高猕猴桃抗击病虫害的能力，才有产量、质量的保证。

（一）怎样培育健康、肥沃的土壤

1. 深翻、扩穴改土　扩穴的时间为从定植后第一年的秋季开始，每年秋季都要进行扩穴，在 3 年的时间内，将全园扩翻一遍。秋季气温、土温均较高，地上部分虽停止生长，但根系仍处于活动状态，断根后易愈合，翌春新生根量多，有利于提高根系对养分、水分的吸收能力。结合扩穴秋施基肥，使有机肥在冬季较长的时间里充分分解，给春季树体生长提供充足的养分。如果秋季未及时进行，可在冬季或早春扩穴沟，施基肥。

扩穴方法：对于挖坑定植的果园，第一年先在株间进行扩穴，第二年再进行行间扩穴。如果为挖沟定植，第一年开始进行行间扩穴，不需要株间扩穴。每年扩穴，直至行与行之间、株与株之间完全打通，使根系分布层没有死土层，利于根系向行间延伸生长。扩穴的穴边要与原定植沟（坑）边打通，中间不要留隔层。扩穴沟深

80 cm、宽 80~100 cm。扩穴时结合填草施基肥。即穴沟挖好后，先在穴沟底层填上 20~30 cm 厚的作物秸秆、杂草等，混以少量农家肥和化肥，促进秸秆、杂草腐烂。再填入 40 cm 左右的熟土拌有机肥混匀填入。最后填生土至高出地面 10 cm 左右。扩穴时，还应注意不要损伤较大的根系，遇到大根时，先把根系下面的土挖空，使上面的土掉落下去，把根周围的土挖出，把根放到沟内，随即覆土，防止风吹日晒及机械损伤。

果园土壤黏重及土壤瘠薄时，除多施用农家肥外，增加土壤的有机质含量，还应掺入沙土以改良土壤的透气性。深翻扩穴适宜在 1~3 年幼龄园进行。

2. 果园间作

1）间作物的种类

（1）幼龄园　幼树根系在土壤中的分布范围一般在半径 40~50 cm，故间作不可离树干太近。一年生园，在树行带外两侧 70 cm 左右可以于早春栽植两排玉米，利于夏季遮阴降温；二至三年生树园，猕猴桃栽植垄上不宜套种任何作物，间作带内可以套种低秆作物，如豌豆、马铃薯、葱、蒜等蔬菜，或甜叶菊、党参、白术、桔梗、半夏、地黄、黄精等中药材。

（2）成龄园　挂果后间作带内提倡种植三叶草、毛叶苕子、紫花苜蓿、黄豆、绿豆、豌豆等绿肥作物，及时清除恶性杂草，对于季节性绿肥于成熟期收割作覆盖物，牧草及自然杂草高于 40 cm 左右时，及时刈割还田。

2）间作的好处

其一，幼年猕猴桃园行间空地较多，间作部分作物，合理利用太阳光能，既可利于夏季遮阴降温，提高苗木的成活率，又增加果园投产前期的经济效益。

其二，间作物覆盖地面以后，既可保持水土，防除杂草，又可降低果园地面水分蒸发量，减少灌水次数，降低管理成本。

其三，调节地温，使地面温差昼夜相差不大，白天温度也不会过高，保护树体枝干免受日灼，又可以减少根系冬季冻害。

其四，改善果园生态环境，增加土壤有机质含量，改良土壤结构，提高土壤肥力，促进猕猴桃生长发育，减少有机肥的施入，降低果园肥料投入的成本。

3）果园间作注意事项

间作物应选择有利于改良土壤，消耗养分和水分较少，且不与猕猴桃树争夺肥水及影响光照的作物。花生、甘薯、南瓜、西瓜等长秧作物易缠绕，肥水消耗量大，对猕猴桃树有不良影响，不宜种植。

实行行间生草，株间不生草。

绿肥播种后从第二年开始，当绿肥作物长到 30~35 cm 时，可刈割后覆盖在树盘内，留茬不低于 10 cm，一年可刈割 3~4 次。

每年秋季施基肥时对扩展的绿肥作物进行控制，将行间生草范围保持在 1.5 m。5~6 年草坪逐渐老化，将整个草坪翻耕后清耕休闲 1~2 年再重新种植。

4）间作绿肥的意义　每年刈割的绿肥腐解后，大部分养分又会重新以有效形态留在耕作层。绿肥翻入土壤后需进一步腐熟分解，一部分变成植物可吸收利用的营养物质，另一部分则重新组合形成一类叫作腐殖质的有机物。这些腐殖质能与土壤中的矿物质复合成有机无机胶体，使土壤形成良好的团粒结构，变得疏松，有利于通气，这样的土壤像海绵一样具有优良的保肥保水能力，不断地向作物提供营养物质。尤其是豆科绿肥，除有从空气中固定氮肥的作用外，还有扎根较深的特点，可将深层土壤的养分转移到土壤上层供作物利用。因此，种植及施用绿肥对促进土壤水稳性团粒结构的形成，改善土壤的理化性状，提高土壤的保水、透水、透气性能，土壤熟化和土壤的改良均有重要作用。

绿肥作物的茎叶茂盛，不仅能较好地覆盖地面，减少肥水流失等，缓和暴风雨对土壤的直接侵蚀，还能调节土壤温度，有利于猕猴桃根系的生长。由于绿肥对地表的覆盖，夏季可以降低土壤温度 3~5 ℃，冬季可提高地表温度 2~3 ℃，这对夏季高温地区，特别是沙质土壤有着重要的意义。

3. 地表覆盖　地表覆盖能防止水土流失，抑制杂草生长，减少土壤水分蒸发，保持土壤湿度，改善猕猴桃根际环境，促进根系和地上部分生长，也能增加有效养分和有机质含量，降低夏季地面温度，提高冬季土温，降低昼夜温差和季节温差，能够延缓根的衰老，增强根系的吸水吸肥能力。猕猴桃根系在 30 cm 土层也分布不少，裸露的地面温度太高，有时高达 50 ℃，严重影响根系活动，地表覆盖以后，温度可降低至 18~20 ℃，有利于根系活动。幼树期间在树冠下覆盖，成龄园顺树行带状覆盖，树行每边覆盖宽约 1 m。覆盖材料可用麦秸、麦糠、稻草、玉米秆、锯末等，厚度15~25 cm。地表覆盖不仅可以减少土壤水分蒸发，调节土温，而且覆盖物腐烂后，还可以增加土壤肥力，改善土壤团粒结构。地表覆盖以后也可减少杂草，起到免耕作用。

地表覆盖时要注意防火、防风，特别是用干草覆盖。生产中已有果园因覆盖草过干，引发火灾而将猕猴桃树烧坏，造成较大损失的案例。

（二）猕猴桃的肥水管理

1. 猕猴桃生长规律

1）根系生长规律　根系生长随一年中气候变化。据观察根系在地温8℃时开始生长活动；地温达20℃时进入根系生长高峰期，地温达30℃时新根又停止生长。根系生长和新梢生长交替进行。根系生长有3个高峰期：第一次出现在萌芽前的2~3周，随春季温度升高，根系活跃期加大，吸肥量增加，根系生长加快。第二次出现在6月，新梢快速生长的后期，此时土温合适，根系生长最快，吸肥量最高，这一时期也是果实膨大期，需肥最高的时期之一。第三次出现在9月果实发育后期，这一阶段根系有很强的吸肥能力。在土温适合情况下，根也可全年生长，无明显的休眠期，但突出表现在上述3个生长高峰期。

2）芽的生长规律　猕猴桃的芽苞有3~5层黄褐色毛状鳞片。通常1个叶腋间有1~3个芽，中间较大的芽为主芽，两侧为副芽，呈潜伏状。主芽易萌发长成新梢，副芽在通常情况下不易萌发，当主芽受损或枝条遭遇重剪时，副芽则萌发生长。主芽可分花芽和叶芽，幼苗和徒长枝上的芽多为叶芽；斜生枝或水平生长枝的中、上部腋芽常为花芽，花芽为混合芽。

芽的萌发率因种类和品种而异，同时也因生长部位而异。一般上位芽萌芽率显著高于下位芽。花芽比叶芽肥大饱满，萌发后先形成新梢，大多在其基部第二至第十个节间的叶腋间形成花蕾，开花结果。

芽具有早熟性。猕猴桃的冬芽春季萌发以后形成新梢，当新梢摘心或短剪、新梢尾部下垂时，剪口附近的芽或新梢的上位芽当年又能萌发形成二次梢；同样，二次梢的芽受到刺激时，可再次萌发。但已开花结果部位的叶腋间的芽则很难再萌发，而成为盲芽。

芽具有潜伏力。春季萌发之前雏梢已将形成，萌芽和抽枝主要是节间延长和叶片扩大，芽鳞体积基本不变，并随着枝轴的延长而脱落，在每个新梢基部留下一圈由许多新月形构成的芽鳞痕，称为外年轮或假年轮。每个芽鳞痕和过渡性叶的叶腋间都含有一个分化弱的芽原基，从枝条外部看不到它的形态，称为潜伏芽（隐芽）。此外，在秋梢和春梢基部1~3节的叶腋间有隐芽，成为盲节。在植株衰老和强刺激作用下（如回缩、重短截修剪等）潜伏芽也能萌发，这种在特殊作用下由潜伏芽发生新梢的能力称为潜伏力，在生产中可利用这一特性恢复树势。

猕猴桃萌芽与气温有关，当春季气温上升到 10℃ 左右时，开始萌动。西峡地区，多在 3 月上中旬。

3）叶片生长规律　叶片从展叶到停止生长需要 20～50 天，单片叶的叶面积开始增长很慢，之后迅速加强，当达到一定值后又逐渐变慢。新梢基部和上部叶片停止生长早，叶面积小，中部叶片生长期长，叶面积大。上部叶片主要受环境（低温）影响，基部叶片受贮藏养分影响较大。一般叶片在展叶后的 10～25 天为迅速生长期，展叶后的 10 天内及 25 天后叶面积相对增长率较小。同一品种叶片的大小取决于叶片在迅速生长期内生长速率的大小，生长速率大则叶片大，否则就小。为了使叶面积加大，在叶片迅速生长期给予合理施肥、灌溉是必要的。

叶片展开后即能进行光合作用，但因呼吸速率高而使净光合速率往往为负值。此后随叶片增长净光合速率逐渐加强，当叶面积达到最大时，净光合速率最大，并维持一段时间。后随着叶片的衰老和温度下降，净光合速率也逐渐下降，直至落叶休眠。

4）枝蔓生长规律　从萌芽新枝蔓形成生长期为 170～190 天。整个生长过程也是 3 个高峰期：第一个高峰期从 4 月中旬至 6 月中旬，这时第一期的枝蔓已形成，完成了春梢生长过程。春梢是翌年最好的结果母枝。第二个高峰期从 7 月上旬至 9 月上旬，从春梢叶片间萌芽形成夏季枝蔓。夏季枝蔓翌年结果次于春梢。第三个高峰期从 9 月下旬以后，此期形成的枝蔓易发生冻害，一般不留，利用疏枝、抹芽去掉。前两个高峰期，枝蔓生长有利于根系生长，正符合根系吸肥供枝叶果实需要。

5）开花规律　猕猴桃花从现蕾到开花需要 25～40 天。雄花的开放时间较长，为 5～8 天，雌花为 3～5 天。雄株全株开放的时间为 7～20 天，而雌株仅 5～7 天。花开放时间多集中在早晨，一般在 7:30 以前开放的花朵数量为全天开放的 77% 左右，11:00 以后开放的花朵仅占 8% 左右。从单株看，开花顺序为：向阳部位的花先开；同一枝条上，下部的花先开；同一花序，顶生花先开，两侧花后开。单花开放的寿命与天气变化有关，在开花期内如遇天晴、干燥、风大、高温等，花的寿命缩短；反之，如遇天阴、无风、低温、高湿等，花的寿命延长。一般雌花的受精能力以开放前 2 天至开放后 2 天最强（此时花瓣为乳白色），花开 3 天后授粉结实率下降，花瓣开始变黄，柱头顶端开始变色，5 天以后柱头不能接受花粉。花粉的生活力与花龄有关，开花前1～2天至谢花后4～5天都具有萌发力，但以花瓣微开时的萌发力最强，此时花粉管伸长快，有利于深入柱头进行受精。

6）果实的生长发育规律　猕猴桃从终花到果实熟期需130～160天，可分为几个阶段：第一阶段从5月中旬至6月中旬，45～50天，这一时期是果实体积增大最快时期，由果心到外果皮，迅速增加重量，也是细胞分裂最快时期，可达果实总重量70%～80%。第二阶段从6月上旬至8月中旬，约50天，是种子迅速生长时期，种子开始由软到硬化，外果皮一般基本停止生长，果实增大进入缓慢时期。果实内部由淀粉开始转化为糖，维生素C由最高峰期开始下降。外果皮由绿色转为浅褐色，种子由白色转为褐色。第三阶段从8月下旬至10月中旬，果实生长减缓达到成熟时期，此时果实内营养物积累很快，内含物如可溶性固形物、干物质提高，从外果皮感观上确定采收时期。

2.猕猴桃需肥规律、需水特点及肥水关系　猕猴桃需要的营养元素，从现代农业分析看，有70余种，必需的营养元素有17种，根据需要量，可分为大量元素（一般占果树干物质重量的0.15%）和微量元素（一般在0.1%以下）。大量元素包括碳、氢、氧、氮、磷、钾、钙、镁、硫；微量元素包括铁、锰、锌、铜、钼、硼、氯、镍，这些营养元素一个都不能少。各个营养元素有不同作用，缺少会产生猕猴桃生理病害，即缺素症。其中碳、氢、氧来自自然界中的二氧化碳和水，其他元素则主要从土壤中获取。施肥的主要任务之一就是调整土壤中果树必需营养元素的含量，以满足猕猴桃生长发育的需要。

土壤管理和施肥决定着树体能否早成形，早结果，早丰产、稳产和果实品质的好坏。土壤管理和施肥工作做得好，树体生长健壮，生产能力强，抗性强，不容易发生病害，寿命和结果年限长。猕猴桃为多年生果树，长期固定长在一个地方，每年的生长、发育、结果等都要从土壤中吸收大量营养。每个发育时期对土壤营养的需求种类和数量也不同。以氮、磷、钾和有机肥等主要肥料为例，幼树期为营养生长期，以长树冠为主，应多施氮肥，配施磷、钾肥；初果期树为营养生长向生殖生长转化期，要控氮、增磷、补钾，增施有机肥；盛果期树，由于大量开花结果，树势减弱，应大量施用有机肥，同时配比氮、磷、钾和含有多种元素的复合肥，不管是幼龄园还是成龄园，特别是追肥，要避免使用单质氮肥，最好使用国标复合肥。所有生长时期，多施有机肥均有益处。有机肥料不但富含各种有机质，而且还含有果树生长发育所需的各种微量元素、大量元素和酶类等活性物质。有机肥能够提高土壤有机质含量，只有在土壤有机质含量高的情况下，各种营养元素才能平衡，减少各种缺素症的发生。

1）猕猴桃需肥规律　猕猴桃对营养元素的需要量比其他树种要大得多，在其他树种上较大的施肥量会引起树体徒长而产量降低，但相同的施肥量用于猕猴桃则完全不会产生徒长。如果按其他树种的施肥标准对猕猴桃进行施肥，那么施肥量就明显不足。

猕猴桃春季的生长量很大而且特别迅速，花芽的生理分化在越冬前就已完成，而形态分化一般在春季，与越冬芽的萌动同步，自萌发前 10 天开始，至开花前 2 天完成形态分化，形成大、小孢子，生长分化速度特别快。早春生长和花芽分化需要的营养主要来自上年的贮藏，因此树体的总体营养状况和上年秋季施基肥情况对第二年春季生长和花芽的发育影响很大。

猕猴桃与其他果树一样，在年周期中对养分的吸收率是有变化的。据刘德林（1989）采用的矿质元素示踪法研究表明，中华猕猴桃对磷、钾、钙矿质养分的吸收，随着生长发育阶段的不同而分配中心各异。全年中出现第一吸收高峰是在 6 月中旬，而吸收最多的是 8 月中旬至 9 月中旬，即果实内种子形成期和第一次副梢迅速生长期。

猕猴桃各物候期有重叠现象，从而影响分配中心的波幅，出现养分分配和供需的矛盾。安华明等（2003）对六至七年生的'秦美'猕猴桃生育期果实中营养元素积累规律进行了研究，结果表明枝梢生长对果实营养的争夺较为激烈，即使某些不易移动的元素（铁、铜、锰）也会因为新梢的生长而从果实流失，果实大量元素除钙外，其余氮、磷、钾、镁在夏季出现负积累而且起伏较大。因而，必须及时施肥补充，才能协调好生长与结果的矛盾，提高坐果率，保证丰产、稳产。

猕猴桃每年冬、夏修剪的枝条和采收的果实从树体中带走大量的矿质营养和有机质。Carery 等（2009）研究表明，收获果实带走最多的主要元素是钾和氮。钟彩虹团队（2010）对'金艳'冬季修剪下的枝条和果实、秋季叶片的矿质养分进行了测定，结果表明每吨果实带走氮 2 kg、磷（P_2O_5）0.8 kg、钾（K_2O）3.3 kg，而每吨枝条带走氮 8.4 kg、磷（P_2O_5）1.6 kg、钾（K_2O）4.5 kg。因此，施肥量需要最低限度地补充猕猴桃果实、枝条等带走的营养成分。

猕猴桃对一些特殊营养元素的要求明显与一般果树不同，尤其对有效铁需求比较高，在桃、梨等生长结果表现正常的土壤上，猕猴桃会出现缺铁性黄化病症状，这在偏碱性土壤经常出现。同时猕猴桃植株体内氯的含量也很高，其他许多植物的含氯量如果达到猕猴桃的水平，就会产生毒害，而猕猴桃则表现很正常。

2）猕猴桃需水特点及时期　在不同的生长阶段，猕猴桃对水分的需要量不同，灌溉的水源必须是无污染、纯净的、可饮用的。猕猴桃每年有5个明显的需水期：3月初萌芽前后；4月新梢生长和展叶现蕾期；5~6月果实迅速膨大期，田间持水量必须达到70%，此期应根据土壤湿度灌水2~3次；采果后，应在秋施基肥后灌水1次；封冻前，应浇越冬水1次。应注意在采果前15天停止灌水，以提高果实的含糖量和耐贮性。

猕猴桃几个重要需水时期：

（1）萌芽期　萌芽前后猕猴桃对土壤的含水量要求较高，土壤水分充足时萌芽整齐，枝叶生长旺盛，花器发育良好。这一时期多春旱，一般需要灌溉。

（2）花前　花期应控制灌水，以免降低地温，影响花的开放，因此应在花前灌一次水确保土壤水分供应充足，花正常开放。

（3）花后　猕猴桃开花坐果后，细胞分裂和分化旺盛，需要较多水分供应，但灌水不宜过多，以免引起新梢徒长。

（4）果实迅速膨大期　猕猴桃坐果后的2个多月时间内，是果实生长最旺盛的时期，果实的体积和鲜重增加最快，占到最终果实重量的80%左右。这一时期是需水的高峰期，充足的水分供应可以满足果实肥大对水分的需求，同时促进花芽分化良好。根据土壤湿度决定灌水次数，在持续晴天的情况下，1周左右应灌水1次。

（5）果实缓慢生长期　需水量相对较少，但由于气温仍然较高，需要根据土壤湿度和天气状况适当灌水。

（6）果实成熟期　果实生长出现一个小高峰，适量灌水能适当增大果个，同时促进营养积累、转化，但采收前15天左右应停止灌水。

（7）冬季休眠期　休眠期需水量较少，但越冬前灌水有利于根系的营养物质合成转化及植株的安全越冬，应结合施基肥至土壤封冻前灌一次透水。

土壤含水量保持在田间最大持水量的60%~80%最适合猕猴桃生长，灌水时要使果树根系分布范围内的土壤湿度，在一次灌溉中达到最有利于生长发育的程度。即一次的灌水量应使土壤含水量达到田间最大持水量的80%，浸润深度达到40 cm以上。只浸润表层土壤和上部根系分布的土壤，不能达到灌水要求，且多次补充灌溉，容易使土壤板结。

3. 肥料分类、施肥原则及方法 猕猴桃根系、枝蔓、果实三个部位不同的生长发育规律和需肥、需水特点，可以指导猕猴桃全年的施肥时间、施肥种类。

1）施肥原则 施肥应坚持以"持续发展、安全优质、化肥减控、有机为主"为原则，所施肥料不应对果园环境及果实品质产生不良影响，以提高土壤肥力，保持土壤微生物活性。合理施肥是生产优质果品的重要环节，应达到高产、优质、高效、改土培肥，实现保证农产品质量安全和保护生态环境等目标。

在养分需求与供应平衡的基础上，坚持有机肥料与无机肥料相结合；坚持大量元素与中微量元素相结合；坚持基肥与追肥相结合；坚持施肥与其他措施相结合。

2）常用肥料

（1）有机肥 指天然有机质经微生物分解或发酵而成的一类肥料，又称农家肥，含有大量动植物残体、排泄物、生物废物等物质，施用有机肥料不仅能为农作物提供全面营养，而且肥效长，可增加和更新土壤有机质，促进微生物繁殖，改善土壤的理化性质和生物活性，是优质果品生产的主要养分来源。其中，较为常用的有以各类秸秆、落叶、青草、动植物残体、人畜粪尿为原料，与少量泥土混合以不同的堆制方法而成的堆肥、沤肥、厩肥、沼气肥、绿肥、饼肥、泥肥等。

自制有机肥方法：按每亩地修建一座沤粪池的标准来培肥土壤。在地头修一个长 4 m、宽 2 m、高 2 m 的有机肥堆沤腐熟发酵池，把秸秆、杂草、人畜粪尿、枯枝树叶堆入池内，充分腐熟发酵后，在秋季采果后施基肥时一次性施入土壤。要求每亩施 3 000 kg 的有机肥，连年如此，就能培育出肥沃的土壤。此方法简单易行，操作方便，效果极好。

（2）微生物肥料 它是指用特定微生物菌种培养生产的具有活性微生物的制剂发酵而成的肥料。这种肥无毒无害、不污染环境，通过特定微生物的生命活力能增加植物的营养或产生植物生长激素，促进植物生长。根据微生物肥料对改善植物营养元素的不同，可分以下类别：根瘤菌肥料、固氮菌肥料、磷细菌肥料、硅酸盐细菌肥料、复合菌肥料。

（3）腐殖类肥料 指泥炭、褐煤、风化煤等含有腐殖酸类物质的肥料。其结构与土壤腐殖质相似，它能促进作物生长、发育，提早成熟，增加产量，改善品质。

（4）有机无机复混肥料 是一种既含有机质又含适量化肥的复混肥。它是对粪便、草炭等有机物料，通过微生物发酵进行无害化和有效化处理，并添加适量化肥、腐殖酸、氨基酸或有益微生物菌，经过造粒或直接掺混而制得的商品肥料。

（5）无机肥料 矿物经物理或化学工业方式制成，养分是无机盐形成的肥料。包括矿物钾肥和硫酸钾、磷酸钙、矿物磷肥、煅烧磷酸盐、石灰石（限在酸性土壤中使用）。

（6）水溶肥 指能够完全溶解于水的含氮、磷、钾、钙、镁、微量元素、氨基酸、腐殖酸、海藻酸等复合型肥料。从形态分有固体水溶肥和液体水溶肥2种。从养分含量分有大量元素水溶肥料、中量元素水溶肥料、微量元素水溶肥料、含氨基酸水溶肥料、含腐殖酸水溶肥料、有机水溶肥料等6类产品，国家已出台相对完善的产品质量标准，不但明确规定了各类产品的有效成分、包装规格、标签制作、商品名称等，而且对产品的使用说明也做了规范性要求，明确规定不得有误导、夸大产品效果宣传等现象。

水溶肥是指能够完全溶解于水的多元素复合型肥料，与传统的过磷酸钙、造粒复合肥等品种相比，水溶肥具有明显的优势。其主要特点是用量少，使用方便，使用成本低，作物吸收快，营养成分利用率极高。水溶肥是一种速效性肥料，可以完全溶解于水中，能被作物的根系和叶面直接吸收利用，采用水肥同施，以水带肥，它的有效吸收率高出普通化肥一倍多；而且它肥效快，可解决高产作物快速生长期的营养需求，可以提高作物品质，减少作物的生理病害。

水溶肥的使用方法：水溶肥作为一种新型肥料，与传统肥料相比，不但配方多样，施用方法也非常灵活。水溶肥可以土壤浇灌，让植物根部全面接触到肥料；可以叶面喷施，通过叶面气孔进入植物内部，提高肥料吸收利用率；也可以滴灌和无土栽培，节约灌溉水并提高劳动效率。

要想合理使用水溶肥，还得掌握一些施肥原则。水溶肥虽然施用方法十分简便，不但节约了水、肥和劳动力，提高了肥料利用率，且见效快，一般2~3天即可被完全吸收，1周左右即可看见明显效果，但是，水溶肥对施肥时期要求相对严格，特别是叶面施肥，应选择在植物营养临界期施肥，才能发挥此类产品的最佳效果。

此外，在施肥过程中，要结合水溶肥的特点，掌握一定的施肥技巧。

①避免直接冲施，要采取二次稀释法。因为水溶肥有别于一般的复合肥料，所以就不能够按常规施肥方法直接冲施，造成施肥不均匀，出现烧苗伤根、苗小苗弱等现象。二次稀释法可保证施肥均匀，提高肥料利用率。

②严格控制施肥量。少量多次，是最重要的原则，可以满足植物不间断吸收养分的特点。水溶肥比一般复合肥养分含量高，用量相对较少。因为其速效性强，难

以在土壤中长期存留，所以要严格控制施肥量。

虽然目前水溶肥尚不能取代传统复合肥料，但是水溶肥符合"低碳节能、高效环保"的要求，因此其发展前景十分广阔，前途一片光明。

（7）叶面肥料　喷施于植物叶片并能被其吸收利用的肥料，或含有少量天然的植物生长调节剂，但不含有化学合成的植物生长调节剂。如微量元素肥料和植物生长辅助肥料等，常见的由微生物配加腐殖酸、海藻酸、氨基酸、维生素、糖及其他元素制成。

生产优质果品常用肥料范围是较广的，它并不像人们想象中的只能是简单的有机肥料，并不排斥使用化肥，关键是能不能做到科学合理地使用化肥。果品中的重金属主要来自工业污染排放和大气污染，少量来自不规范生产的有机肥料，这些有机肥料中含有重金属元素、传染病菌、激素等有害物质，严重影响品质，而工艺成熟、严格控制的化肥，生产过程中并不会带入各种有害物质。

3）施肥方法

（1）根际施肥　表3-1是按照不同树龄和产量给猕猴桃园的建议施肥量，使用时可根据本园的土壤肥力情况做适当调整，化肥要根据使用的肥料种类的营养成分含量折算，有机肥数量不足时可以适当增加化肥的施用量。表3-1氮、磷、钾用量是建立在有机肥足量使用的基础上的。

表3-1　按照不同树龄和产量给猕猴桃园的建议施肥量

树龄	年产量 /（kg/ 亩）	年施用肥料总量 /（kg/ 亩）			
		有机肥	化肥		
			纯氮（N）	纯磷（P_2O_5）	纯钾（K_2O）
一年生	—	3 000	4.0	2.8 ~ 3.2	3.2 ~ 3.6
二至三年生	—	3 000	8.0	5.6 ~ 6.4	6.4 ~ 7.2
四至五年生	1 000	3 000	12.0	8.4 ~ 9.6	9.6 ~ 10.8
六年生以上	1 500 ~ 2 500	3 000	20.0	14.0 ~ 16.0	30.0 ~ 50.0

果园施肥一般每年进行 3~4 次，但不同树龄、不同品种有所差异。

①定植当年苗：定植前半年以保证成活为中心，防旱、防涝、防草荒，慎施或不施化肥，防止烧苗，7 月开始施肥，每隔 20 天施一次高氮复合肥，直到 9 月，施肥量需要慢慢增加，第一次施肥每株控制在 25 g 左右，若随水施用液体肥，则浓度控制在 0.3% 以内。

②二至三年生树：从萌芽前开始，30天左右施一次肥，以高氮复合肥为主。

③四年生以上的成年树：在芽萌动前后，施氮、磷、钾复合肥，以氮肥为主，占全年用量的5%（中晚熟品种）或10%（早熟品种）；开花前1~2周，施氮、磷、钾平衡复合肥，占全年用量的5%（中晚熟品种）或10%（早熟品种）；谢花后20天左右，施肥以氮、磷、钾复合肥（水溶肥最好）为主，占全年用量的20%~25%（中晚熟品种）或20%~30%（早熟品种），对于中晚熟品种，可在6月下旬再施用一次壮果肥，占全年用量的10%，100%农家肥和各种化肥的60%在秋季采果后作为基肥一次施入。

根据树体生长需求，适时补充适量的中微量元素和叶面肥。猕猴桃周年施肥计划见表3-2。

表3-2　猕猴桃周年施肥计划

施肥时间	施肥效用	施肥种类	施肥量（挂果树）	施肥方法	备注
2月底3月初	萌芽肥	高氮复合肥	成年树：0.5 kg/株 幼年树：0.25 kg/株左右	撒施浅旋，雨前或施后浇水	此时可用尿素代替，用量减半，不用碳酸氢铵
4月20日左右	花前肥	复合肥	成年树：0.25 kg/株 幼年树：0.25 kg/株左右	撒施浅旋，雨前或施后浇水	若萌芽肥已施够量，此次可不施
5月中旬	果实膨大肥	氮、磷、钾平衡复合肥	成年树：0.5 kg/株 幼年树：0.25 kg/株左右	撒施浅旋，雨前或施后浇水	坐果后越早越好
6月中下旬	果实膨大肥/花芽生理分化肥	氮、磷、钾平衡复合肥	成年树：0.5kg/株 幼年树：0.25 kg/株左右	撒施浅旋，雨前或施后浇水	—
7月中下旬	优果肥	高钾复合肥	成年树：0.5 kg/株 幼年树：0.25 kg/株左右	撒施浅旋，雨前或施后浇水	海沃德等晚熟品种必用，金桃建议用
采果后	果后肥	平衡复合肥	成年树：0.5 kg/株 幼年树：0.25 kg/株左右	撒施浅旋，雨前或施后浇水	可结合基肥一起施用
采果后至休眠期	基肥	腐熟有机肥	成年树：25 kg/株 幼年树：15 kg/株	撒施浅旋或深沟施，40 cm深，不要伤及2 cm以上粗度的根系	采果后越早越好，最好与果后肥一起施用

上述几个追肥时期，生产上可根据本园的实际情况酌情调整，但果实膨大肥和优果肥对提高产量和果实品质尤为重要。

（2）根外追肥　根外追肥又叫叶面喷肥，一般在喷施后15分至2小时便可被叶片吸收，但吸收强度和速率与叶龄、肥料成分及溶液浓度等有关。幼叶生理机能旺盛，气孔所占比重较大，吸收速度和效率较老叶高。叶背面气孔多，表皮层下具有较多疏松的海绵组织，细胞间隙大而多，利于渗透吸收，吸收的效率较高。喷后10~15天叶片对肥料元素的反应最明显，以后逐渐降低，到25~30天时基本消失。

根外追肥时的适宜温度为18~25℃，无风或微风，湿度较大些为好。高温时喷布后水分蒸发迅速，肥料溶液很快浓缩，既影响吸收又容易发生药害，因此夏季喷布的时间最好在16:00以后天气较凉爽或多云时进行，春、秋季也应在气温不高的10:00之前或15:00以后进行。猕猴桃常用根外追肥种类及使用浓度见表3-3。

表3-3　猕猴桃常用根外追肥种类及使用浓度

肥料名称	补充元素	施用浓度/%	施用时期	施用次数
尿素	氮	0.3~0.5	花后至采收后	2~4
磷酸铵	氮、磷	0.2~0.3	花后至采收前1个月	1~2
磷酸二氢钾	磷、钾	0.2~0.6	花后至采收前1个月	2~4
过磷酸钙	磷	0.1~0.3(浸出液)	花后至采收前1个月	3~4
硫酸钾	钾	1	花后至采收前1个月	3~4
螯合铁	铁	0.05~0.10	花后至采收前1个月	2~3
硼砂	硼	0.2~0.3	开花前期	1
硝酸钙	钙	0.3~0.5	花后3~5周	1~5
		1	采收前1个月	1~3

①喷施时间：根外追肥水溶液雾滴在叶片上停留时间越长，果树吸收越多，效果就越好。因此，喷施时间一般都选择在无风的阴天，晴天时9:00以前或16:00后，中午和刮风天不能喷肥，以免肥液在短时间内挥发。如果喷施后3~4小时下雨，应重新喷施。

②喷施部位：不同营养元素在树体的移动速度不同，因此喷施部位有所区别，特别是微量元素在树体内流动较慢，最好直接施于需要的器官上。如要提高坐果率必须把硼肥喷到花朵和幼果上；要防止果实缺钙产生病害和增强果实的耐贮性，必须把硝酸钙或氯化钙喷到果实上。

4. 猕猴桃所需营养元素的作用及缺素矫治 猕猴桃果实营养丰富，富含维生素，其含量是苹果、梨、桃、葡萄等大宗水果的几十倍到上百倍。另外，猕猴桃果实中还含有葡萄糖、果糖、柠檬酸、苹果酸、酒石酸、蛋白质、果胶、单宁、B族维生素、17种氨基酸和铁、钙、镁、锰等14种矿物质。在生产中，由于土质和管理不善等原因，猕猴桃常常出现缺素症状，影响产品的产量和质量，进而影响经济效益。

1）主要表现在老叶上的缺素症

（1）氮 氮是植物体内氨基酸、蛋白质、核酸、辅酶、叶绿素、激素、维生素、生物碱等重要有机物的组成部分。它不仅是组成细胞的结构物质，也是物质代谢的基础，其含量的高低直接影响到猕猴桃的生长发育过程、果实的形成和品质。氮在猕猴桃生长发育中具有重要的生理功能，可促进营养生长，提高光合效能，当氮素供应充足时，植物的茎叶繁茂、叶色深绿、延迟落叶。氮素不足，则影响蛋白质等的形成，致使猕猴桃抗逆性降低，寿命缩短；氮素过多，尤其在磷、钾供应不足时，又会使猕猴桃体内糖分和氮素之间失去平衡或引起其他元素失调，造成树体徒长，花芽分化不良，落花落果严重，产量和品质降低，贮藏性和抗逆性变差等。

果树根系从土壤中吸收硝酸根离子（NO_3^-）、铵离子（NH_4^+）等离子状态的氮素，与树体的有机酸结合成氨基酸、酰胺等有机化合物。土壤pH影响根系吸收氮素的类型，土壤pH为7时，有利于铵态氮的吸收，而土壤pH为5~6时，则有利于对硝态氮的吸收。猕猴桃适宜pH为5~6，因此应多施含硝态氮的氮肥。根系和叶片也能吸收尿素和一些水溶性有机氮化合物，如氨基酸、有机碱、天门冬酰胺、维生素和生长素等。

缺氮症状较为常见，特别是进入盛果期后管理较粗放的果园尤为突出。一般来讲，生长正常的新叶干物质含氮量应为2.2%~2.8%，而当含量下降到1.5%以下时，则植株生长衰弱，叶片颜色从浓绿变为淡绿，甚至完全转为黄色，但叶脉仍保持绿色。老叶顶尖部首先表现橙褐色焦枯状，并沿叶脉向叶基扩展，坏死部分微向上卷曲，果实发育不正常，降低其商品性。应在定植时，充分施用有机肥；在生育季节要适时适量追施氮肥，以满足其需要。

（2）磷 磷是组成植物细胞的重要元素，也是很多酶的组成部分，促进细胞分裂，参与植物体内的一系列新陈代谢的过程，如光合作用，碳水化合物的合成、分解、运转等。它能提高根系吸收能力，促进新根的发生和生长，促进花芽分化而提早开花结果，促进果实、种子成熟，提高果实品质，增加束缚水，提高果树抗寒、抗旱能力。缺磷可导致猕猴桃花芽分化不良，果实色泽不鲜艳，果肉发绿，含糖量降低，抗逆性弱，甚至引起早期落叶，产量下降。特别是当氮素过量时，缺磷会引起含氮物质失调，根中氨基酸合成受阻，使硝态氮在果树体内大量积累，植株呈现缺氮现象。磷过量时能阻止锌进入果树体内，易引起缺锌症。

缺磷症状多表现在老叶上，在园中并不多见。在磷素不足时，酶活性降低，糖分、蛋白质代谢受阻，生长代谢严重受阻时，分生组织活动不能正常进行，从而延迟猕猴桃展叶和开花，甚至导致枝条下部芽不能萌发，新梢和根系生长减弱，叶片变小，积累在组织中的糖类转变为花青素，使枝叶变为灰绿色，叶柄、叶背及叶脉呈紫色，严重时叶片出现紫红色或红色斑块，叶缘出现半月形坏死斑。磷移动性小，应与有机肥混合均匀，作基肥施入，以补充土壤中的有效磷，满足植株需求。

（3）钾　钾能促进猕猴桃的光合作用，随着植株体内的钾含量增高，光合作用强度也有所提高。适量钾素可促进果实膨大和成熟，促进糖的转化和运输，提高果实品质和贮藏性；并可促进猕猴桃枝蔓的加粗生长、组织成熟、机械组织发达，提高抗寒、抗旱、耐高温和抗病虫的能力。

钾肥不足时，植株不能有效地利用硝酸盐，新陈代谢作用降低，使单糖积累在叶片内，减弱糖类的合成，而消耗增多，减弱根和枝加粗生长，新梢细弱，停止生长较早，叶尖和叶缘常发生褐色枯斑，降低果实产量和品质。钾在果树体内能被再度利用，缺钾时，老叶先受害，出现黄斑。钾素过多，由于离子间的竞争，使果树生理机能遭到破坏，影响果树对其他元素的吸收和利用，从而出现缺素症。

缺钾症状多表现在老叶上。缺钾严重时，叶片生长不正常，呈浅黄绿色，老叶叶缘失绿，叶片从边缘向内枯焦（烧叶现象），向上卷曲而枯死。细脉间叶肉组织往往隆起，叶缘破碎，易落叶，常造成减产。叶片钾含量低于1.5%干物质时，即表现出缺钾症状。缺钾时，花腐病的发病率高，可达36%。在生产实践中，应适时施用钾肥，以满足猕猴桃生长发育对钾的需求，可通过叶面喷施氯化钾较快改善。平时应注重钾肥的施用，土壤施硫酸钾、硝酸钾均可。

（4）镁　果树体内，约10%的镁存在于叶绿素中，叶绿素分子质量的2.7%为镁。镁可促进磷的吸收和同化，镁含量适宜时，可促进果实增大、品质变优。镁在树体内可再分配利用，镁不足时，成熟叶片中的镁运转到需要镁较多的果实等器官中。

缺镁症状多在生长的中、晚期的成熟叶片上表现，叶肉呈淡黄绿色，叶缘失绿，并向叶中心侧脉扩展，叶基部仍维持绿色，有时叶缘失绿不明显。严重时失绿，组织坏死，并与叶缘平行而呈马蹄形。叶片干物质中镁含量降为 0.1% 时，即出现缺镁症状，可喷施 0.1%～1.0% 硫酸镁溶液来矫治。

（5）锌　锌在果树体内是以与蛋白质相结合的形式存在的，是许多酶的组成成分，可以转移，其分布与生长素的分布高度相关，生长旺盛的部分，生长素多，含锌量也多。锌素适宜时，可提高猕猴桃抗真菌侵染的能力。

缺锌症状发生于老叶，着生于主干与主蔓连接部的枝蔓上的老叶特别多见，即使植株严重缺锌，其幼叶仍能保持绿色和健康。缺锌常发生于生长中期。缺锌症状较易出现，因为锌在树体内移动性小，仅在韧皮部内相对移动。缺锌时，树体内色氨酸含量降低，制约吲哚乙酸合成，因而间接影响生长素的形成，使果树过氧化氢酶等活性下降，顶芽中生长素被破坏，不能伸长，枝条下部叶片常有斑纹或黄化部分，新梢顶部叶片狭长，枝条纤细，节间短，小叶密集丛生，质厚而脆，俗称"小叶病"。老叶脉间失绿变黄，逐步扩展全叶。当叶片干物质的锌含量低于 12 $\mu g/g$ 时，即出现外观症状，可用 1.0%～1.5% 硫酸锌溶液喷布树冠来矫治。

（6）氯　猕猴桃为喜氯作物。氯在增加叶绿素含量、参与光合作用、调节细胞渗透压和气孔运动等方面起着重要作用，合理施用氯素肥料能提高作物产量、改善果实品质，增强作物抗病性，并利于对钾离子等营养成分的吸收。但氯离子过多存在于土壤中时会造成盐害。

缺氯症状为首先在老叶顶端主、侧脉间出现分散状失绿，继而从叶缘向主、侧脉扩展，有时叶缘呈连续性失绿，老叶常反卷呈杯状。根系生长受到削弱，距根尖 2～3 cm 处的组织肿大，常疑为根结线虫的肿瘤。在多雨地区，土壤中的氯元素易被淋溶而损失，叶片干物质含氯量达不到 0.8%～2.0% 时，缺氯症也会发生，可追施氯化钾予以解决。

2）主要表现在新成熟叶上的缺素症

（1）钙　钙是细胞壁中胶层的组成成分，以果胶钙的形态存在，对糖类和蛋白质的合成有促进作用，在果树体内起着平衡生理活动的作用，可使土壤溶液达到离子平衡，促进果树对氮、磷的吸收。钙能调节果树体内的酸碱度，也可避免或降低在碱性土壤中的钠离子、钾离子等，以及酸性土壤中残留的氢、锰、铝等离子的毒害作用，使果树正常吸收铵态氮。钙能促进原生质胶体凝聚和降低水合度使原生质黏性增大，有利于果树抗旱、抗热。钙能调节土壤溶液的酸碱度，对土壤微生物活动有良好作用。钙大部分积累在果树较老的部分，是一种不易移动和不能再度利用的元素，故缺钙首先是幼嫩部分受害。钙易被固定下来，不能转移和再度利用。植物缺钙时，细胞壁不能形成，并会影响细胞分裂，妨碍新细胞的形成，致使根系发育不良，植株矮小。

缺钙症状根的反应较为突出，表现新根粗短、弯曲，尖端不久死亡。缺钙时不能形成新的细胞壁，细胞分裂过程受阻，因而枝叶细胞壁不紧密，叶片较小，严重时会使植物枝条枯死或花朵萎缩，幼叶卷曲、叶尖有枯化现象，叶缘发黄，逐渐枯死，根尖细胞腐烂、死亡，易裂果。补钙有利于果实贮藏，可以通过土施石灰、钙镁磷肥（酸性土壤），或过磷酸钙（碱性土壤）等补充，或叶面喷施螯合钙肥纠正。

（2）锰　锰是叶绿体的结构成分，参与光合作用、水的光解，增强叶片的呼吸强度和光合速率，促进果树生长，促进花粉管生长和受精过程，提高果实含糖量。缺锰会使植物体内硝酸态氮积累、可溶性非蛋白态氮素增多。

缺锰症状在生长中期，营养枝上成熟叶片干物质含锰量低于 30 $\mu g/g$ 时出现。此时，新成熟叶缘失绿，侧脉进而主脉附近失绿，小叶脉间的组织向上隆起，并像蜡质有光泽，最后仅叶脉保持绿色。锰失调常见于土壤 pH 高于 6.8 的地区或者石灰过多的土壤。用碾得很细的硫黄、硫酸铝或硫酸铵补充，使之能吸收利用，直至叶片干物质含锰量达 50～150 $\mu g/g$。

3）主要表现在幼叶上的缺素症

（1）铁　猕猴桃正常生长发育过程中，需铁量甚微，铁通常占干物重的千分之几，但它是形成叶绿素所必需的。叶绿素本身不含铁，缺铁叶绿素就不能形成，会造成"缺绿症"。

缺铁症状首先表现在幼叶，呈现失绿现象，老叶仍为绿色。铁在树体中不易移动，猕猴桃缺铁时，首先影响叶绿素形成，叶片变薄，脉间失绿，变成淡绿色至黄白色，早期叶脉绿色。随病情加重，叶脉也相继失绿变成黄色，叶片上出现褐色枯斑或枯边，并逐渐枯死脱落。严重时果实也黄化、品质下降。发病后，树势变弱，花芽形成不良，坐果率也降低。在瘠薄黏重或碱性重的园地较为常见，多表现在嫩梢、嫩叶上。苗圃缺铁时，幼苗黄化、生长极为缓慢。当叶片干物质铁含量低于 60 $\mu g/g$ 时，即会发生缺铁症状。缺铁原因很复杂，有的是因土壤缺铁或 pH 高而致使铁素难以有效释放；有的因渍水烂根，植株对铁素的吸收能力低而导致缺铁。

猕猴桃对铁的需求量高于苹果、梨等果树对铁的吸收量，在土壤 pH 高于 7.5

的地区栽培时，需特别注意。矫治时应根据实际情况，施硫酸亚铁、螯合态铁肥[EDTA-Fe（酸性土壤中）和 EDDHA-Fe（碱性土壤中）] 等可有效解决，但治本的方法是改土培肥。

（2）硼　硼不是植物体内的结构成分，但能促进花粉发芽和花粉管生长，对子房发育也有一定作用。硼能提高果实中维生素和糖的含量，提高果实品质。硼能改善氧对根系的供应，促进根系发育，加强土壤中的硝化作用。硼不仅能提高细胞原生质的黏滞性，增强果树的抗病能力，还能防止细菌寄生。

硼素过量时，可引起毒害作用，影响根系吸收，叶片上出现叶缘失绿，接着出现黄褐色的坏死斑，扩展至侧脉间并伸向中脉，最后导致叶片坏死或枯萎，并过早地脱落。中毒症状先表现在老叶上，再逐渐波及其他叶片。如果出现硼中毒，多次用清水灌溉，充分淋洗土壤，或施用三异丙醇胺与硼酸形成螯合物来降低有效硼，适当施用石灰减轻硼毒害。

缺硼症状在幼嫩新叶上容易发生。首先于幼叶中部出现不规则黄色斑块，并沿主、侧脉两边扩延，但叶缘正常不失绿。先端嫩枝幼叶畸形扭曲，影响枝蔓生长、花芽分化，发生落花落果现象。缺硼使主干部分变粗大，常呈现上粗下细，皮孔变粗大，开裂，俗称"藤肿病"。当最新完全展开叶片干物质硼含量低于 20 $\mu g/g$ 时，缺硼症状就会显现出来，但不很常见。可结合根外追肥时加入 0.2% 的硼砂予以矫治。

（3）铜　铜是植物体内多种氧化酶的组成成分，在氧化还原反应中铜起重要作用。它参与植物的呼吸作用，还影响到作物对铁的利用。在叶绿体中含有较多的铜，与叶绿素的形成有关。铜还具有提高叶绿素稳定性的能力，避免叶绿素过早遭受破坏，有利于叶片更好地进行光合作用。缺铜会使叶绿素减少，叶片出现失绿现象，幼叶的叶尖因失绿而黄化，最后叶片干枯、脱落。

正常叶片的干物质铜含量为 10 $\mu g/g$。缺铜症状在植株叶片干物质铜含量低于 3 $\mu g/g$ 时出现，开始幼叶及未成熟叶失绿，随后发展为漂白色，结果枝生长点死亡，还出现落叶。此时可每公顷施用 25 kg 硫酸铜，于萌芽前施入予以调整。

（4）硫　硫是构成蛋白质不可缺少的成分，含硫的有机化合物在植物体内还参与氧化还原过程。因此在植物呼吸过程中，硫有着重要的作用。叶绿素的成分中虽不含硫，但它对叶绿素的形成有一定的影响。缺硫会使叶绿素含量降低，叶色淡绿，严重时呈白色。硫在植物体内移动性不大，很少从衰老组织中向幼嫩组织运转。

缺硫症状初期表现为幼叶边缘呈淡绿色或黄色，后逐渐扩大，仅在主、侧脉结合处保持一块呈楔形的绿色，最后幼嫩叶片全面失绿，但叶缘不焦枯。叶片干物质硫的含量保持在 0.25%～0.45% 较合适，低于 0.18% 就会出现受害症状。这种症状发生率很低，大多数硫酸铵等肥料中已含有足够的硫元素。

缺素症的形态诊断：大量营养元素的缺乏症状首先出现在植株下部的老叶上，而微量营养元素的缺素症多发生在植株上部新叶上。猕猴桃在缺乏大量元素氮、磷、钾时，由于它们在作物体内流动性大，可从下部老叶向新叶中转移，以保证新生叶的生长，因而缺素症状首先表现在老叶上。然而，微量元素在作物体内大多是和某些酶结合在一起成为酶的组成成分，是不能移动的。在缺乏微量元素时，它们就不能从老叶中向新叶中转移，因此缺乏微量营养元素大多发生在新生的叶片上，这就是两者在形态上的主要区别。

天旱无雨时，植株的叶片也会发黄、干枯，但它不仅仅是下部叶片发黄，而是植株的叶片都会有变化，只是下部叶片会更严重一些，出现这种情况就不要误诊为缺素症。缺素症的正确矫治方法就是对症施肥，这样做缺素症状就可以逐渐消失，产量损失也可大大减轻。所以说，形态诊断是科学施肥的重要依据之一。

5. 肥料知识

1）植物营养元素之间的拮抗与协作　磷和镁有协助吸收关系，磷过多会阻碍钾的吸收，造成锌固定，引起缺锌，阻碍铜、铁吸收。

钾促进硼的吸收，协助铁的吸收。钾过多阻碍氮的吸收，抑制钙、镁的吸收，严重时引起脐腐和叶色黄化。

锰对氮、钾、铜有互助吸收的作用，锰过多抑制铁的吸收，并会诱发缺镁。适量的铜供应能促进锰、锌的吸收。

锌过量会抑制锰的吸收，降低磷的有效性。钾、钙、氮、磷某一元素过剩，会影响锌的吸收。

镁和磷具有很强的互助依存吸收作用，可使植株生长旺盛，雌花增多，并有助于硅的吸收，增强作物的抗病性、抗逆能力。

镁和钾具有显著的互抑作用，镁过多杆细果小，易滋生真菌性病害。钙和镁有互助吸收作用，可使果实早熟，硬度好，耐贮运。

钙过多，阻碍氮、钾的吸收，易使新叶焦边，杆细弱，叶色淡。镁可以消除钙的毒害。

硼可以促进钙的吸收，增强钙在植物体内的移动性。硼过多会抑制氮、钾、钙的吸收。

2）畜禽粪的性质与用法 畜禽粪肥是指猪、牛、马、羊、兔和家禽等的粪便，含有丰富的有机质和各种营养元素，是良好的有机肥料。由于畜禽食物来源不同，其粪肥有"冷热"之分，生产中要区别对待、合理施用。

（1）猪粪 猪粪养分含量丰富，钾含量最高，氮、磷含量仅次于羊粪。猪粪质地较细密，氨化细菌较多，易分解，肥效快，利于形成腐殖质，改良土壤作用好。猪粪肥性柔和，后劲儿足，属温性肥料。适于各种农作物和土壤。可作基肥使用，也可作追肥使用。

（2）牛粪 牛粪质地细密，含水量高，通气性差，腐熟缓慢，肥效迟缓，发酵温度低，属冷性肥料。为加速分解，可将鲜牛粪稍加晒干，再加马粪或羊粪混合堆返，可得疏松优质的肥料。如混入钙镁磷肥或磷矿粉，肥料质量更高。牛粪中碳素含量高、氮素含量低，碳氮比大，施用时要注意配合使用速效氮肥，以防肥料分解时微生物与作物争氮。牛粪一般只作基肥使用。

（3）马粪 马粪中纤维含量高，粪质粗，疏松多孔，水分易蒸发，含水量少，腐熟快，在堆积过程中发热量大、温度高，属热性肥料。可用于温床育苗，发热效果比猪粪好。在制作堆肥时，加入适量马粪，可促进堆肥腐熟。由于马粪质地粗，特别适用于黏性土壤，可作为黏性土壤的改良剂。

（4）羊粪 粪肥中含氮、钙、镁较高。羊粪发热性居于马粪与牛粪之间。羊粪适用于各类土壤和各类作物，增产效果均好，腐熟后可作基肥、追肥和种肥施用。

（5）兔粪 兔粪中氮、磷含量比较高，钾的含量比较低。兔粪碳氮比值小，易腐熟，施入土中分解比较快，属热性肥料。在缺磷土施用效果更好。

（6）禽粪 禽粪是容易腐熟的有机肥料，是鸡、鸭、鹅、鸽粪的总称，家禽的饲料组成比家畜的营养成分高，家禽饮水少，因此禽粪中有机质和氮、磷、钾养分含量都较高，还有 1%～2% 的氧化钙和其他中、微量元素成分。新鲜禽粪中有 30% 的总氮量存在于粪中，其余 70% 由尿排出。但氮多呈尿酸态，不能被作物直接吸收利用，且用量过大易伤作物根系，因此禽粪施用前必须经过腐熟处理，属于热性肥料。

3）肥料的混合使用 两种以上肥料适当掺和使用，有助于提高肥效和节省劳力，但不是所有肥料都可以混合的。如混合不当，会出现营养物质逸失（如氨的挥发）、有效性降低和混合后的肥料物理性变劣等不良情况。肥料混合使用可参考表 3-4。

4）硝基复合肥的优势 硝基复合肥的主要优势来源于其含有的硝态氮。

硝态氮和铵态氮的效果是对等的。进口的氮、磷、钾三元复合肥比国内的尿基三元复合肥效果好，就是因为它是硝态氮肥，特别是在干旱的情况下，硝态氮肥要比铵态氮肥好，在水分限制的时候，硝态氮要比铵态氮的运移速度大得多，这样才能满足作物的生长需要。在干旱的情况下，基本上不存在反硝化的条件，淋溶也不可能，在利用率方面，铵态氮因为有氨挥发的问题，硝态氮的利用率要好于铵态氮。

表3-4　肥料的混合使用

○　　表示可以混合使用
×　　表示不能混合使用
△　　表示混合后要立即使用，不宜久存

	硫酸铵、氯化铵	碳酸氢铵、氨水	尿素	硝酸铵	石灰氮	过磷酸钙	钙镁磷肥	磷矿粉	硫酸钾、氯化钾	窑灰钾肥	人粪尿	石灰、草木灰	堆肥、厩肥
硫酸铵、氯化铵													
碳酸氢铵、氨水	×												
尿素	○	×											
硝酸铵	△	△	×										
石灰氮	×	×	×	×									
过磷酸钙	○	×	△	△	×								
钙镁磷肥	△	×	○	△	×	×							
磷矿粉	○	×	○	△	×	△	○						
硫酸钾、氯化钾	○	×	○	△	×	○	○	○					
窑灰钾肥	×	×	×	×	×	○	○	○	○				
人粪尿	○	×	○	○	×	○	○	○	×	○			
石灰、草木灰	×	×	○	×	×	×	○	○	○	×	○		
堆肥、厩肥	△	○	△	×	○	○	○	○	○	○	○	×	

四、猕猴桃树体管理

（一）树形培养

1. "一干两蔓"树形培养的具体步骤

1）培养主干　保证幼树主干直立生长，超过架面 20 cm 后（上架后超过两道铁丝），在架下至少 30 cm 处剪截。分枝点低有利于 2 个主蔓交叉反方向牵引绑蔓，由于摘心后主干还要往上长，因此选择在架下至少 30 cm 处剪截较为合适。

如果第一年主干没有到可以定干的位置，冬季修剪时将主干枝剪留 3~4 个饱满芽，第二年春季从萌发的新梢中选择一个长势最强旺枝作为主干再培养，其余新梢疏除。

2）培养主蔓　主干剪口下长出二次枝之后，选择 2 根强壮的新梢作为主蔓。主蔓长到一定高度（长度超过 1.5 m），反向交叉后上架，并分别沿中间铁丝朝 2 个方向延长生长。

主蔓上架后，隔一段距离使其缠绕中间铁丝一次，可以促进主蔓中下部的侧枝萌发，避免形成光腿枝。这是因为在每个缠绕打弯处会形成一个顶端优势，生长素在这里积累，促进了主蔓芽体萌发。

3）主蔓延长　2 个主蔓在架面上长出的二次枝全部保留，冬季修剪时，留下主蔓及其他枝条上的饱满芽，其余的剪除。

翌年春季，架面上会发出很多新梢，这时选择一个最强旺枝作为主蔓的延长枝，沿中心铁丝继续向前延伸。当选择的主蔓延伸枝尖端开始相互缠绕时进行摘心，以积累营养促进主蔓健壮。

冬季修剪时，将超过生长范围的主蔓剪回到各自的范围生长，主蔓两侧间隔

20～25 cm留一强壮枝，修剪到饱满芽处作为下年的结果母枝，长势中庸的中短枝可适当保留，重短剪更新预备结果母枝。

保留的结果母枝与行向呈直角、相互平行固定在架面铁丝上，呈羽状排列。

经过以上3步，猕猴桃幼树标准的"一干两蔓"树形结构基本就完成了。培养标准树形整个过程需要2～3年，以扩展树形和培养健壮的主干主蔓为目的，前两年要注意抹除花蕾，避免挂果。

2."一干两蔓"树形的特点

1）**树形结构简单** "一干两蔓"羽状分枝，相对于过去的多主干上架和"一干多蔓"树形而言，是更简单的树形。在2个主蔓上沿着中间的铁丝，分布着生结果母枝，在结果母枝上再抽生结果枝，总共有4个级枝。达到主次分明、结构清晰，这就给我们的简便管理、简单操作提供了保障。

2）**早投产、早挂果、早收益** 过去的树形结构，有的品种要3～5年才能分行。"一干两蔓"树形如果搞得好，特别是在密植园，一般2～3年就可以丰园、布满架面，给早投产打下基础。因为它结构简单、营养集中，它的生长就会非常快，架面的侧枝生长量特别大，所以容易分行，分行以后就容易投产，早投产就可以早收益。

3）**利于机械化作业** 随着劳动力价格的上涨，机械化是未来园区管理的潮流和方向。但机械作业对园区的环境、条件要求特别严，它要求园区便于机械通行、作业。而"一干两蔓"的树形，因为两边没有其他侧枝，不管是除草、打药还是施肥，这个树形结构都有利于机械化作业。

4）**利于提高果品质量** 猕猴桃未来的竞争，说到底还是品质的竞争，要保证品质，先决条件之一就是树形结构。"一干两蔓"羽状的结构通风、透光条件好，有利于果实的干物质积累，以及营养物质的转化，从而有利于这些果品质量的提高。

5）**防治病虫害** 随着一个区域猕猴桃面积的不断增加，物种逐渐单一化，就容易形成有害生物的聚集与危害，"一干两蔓"树形简单，通风、透光条件好，病虫害不容易发生。

6）**抗风性好** 猕猴桃是藤本蔓型果树，叶片大，生长过程中是最怕风的，加上夏季风害很多，对果品质量和商品性都有很大影响。"一干两蔓"和多主干上架、单干伞状的树形结构相比，抗风性是最好的。因为它的2个主蔓与架面铁丝直接绑缚，可以紧紧抓住架面，与棚架形成整体，通过"一干两蔓"树形结构的培养，对它的抗风性提供了有力保障。

（二）花果管理

定量挂果，限产增质。猕猴桃必须控制其产量，合理负载，才能达到稳产优质，延长树体寿命的目的。

1. 疏蕾　猕猴桃蕾期长而花期短，一般提前疏蕾而不疏花，疏蕾通常在4月中旬至5月初。待侧花蕾分离后2周左右开始，在1个结果母枝上，结果枝过多，可把靠结果母枝基部的结果枝上的花蕾疏除，使它变成营养枝，培养其下年结果。在一个果枝上，可先摘去基部和顶端的花蕾，保留果枝中部的花蕾；在1个花序上有3个花蕾的，疏去两边副花蕾；疏除畸形蕾和发育不良的花蕾，弱果枝上的花蕾全部疏掉。疏蕾标准：长果枝留5~6个花蕾，中果枝留4~5个花蕾，短果枝留1~2个花蕾，通过疏蕾，形成合理的叶果比（3~6）∶1，并使营养集中供应到保留的果上，达到果大质优。

2. 授粉　猕猴桃充分授粉是确保果品质量的首要条件。

1）果大质优的基础　必须保证充分授粉，理论：授粉充分果实种子数量就多，果实种子越多，促进果实膨大的内源激素也就越多，一般100 g左右的果实种子数量800~1 200粒种子。

2）充分授粉方式

（1）栽植足量授粉树　通过风传播授粉。

（2）人工喷施商品花粉　按1∶（5~8）的比例进行混合勾兑，辅料用石松子或淀粉，一般每亩使用纯粉20 g以上，亩用混合粉在200~250 g，将混合粉装入授粉器内，对准开放的雌花喷射。

（3）昆虫授粉　可通过放置蜂箱等方式提高授粉率。

3）人工授粉时期　花开30%一次，70%一次，90%一次。理论：刚开花，柱头斜生没有接受花粉的能力，等到柱头直立后才能接受花粉；柱头一般授粉最佳时期是开花后第二天（此时花瓣为乳白色），花开3天后授粉结实率下降，花瓣开始变黄，柱头顶端开始变色，5天以后柱头不能接受花粉。花粉在雄花开放前1~2天至谢花后4~5天都具有萌发力，但以花瓣微开时（铃铛花）的萌发力最强，此时花粉管伸长快，有利于伸入柱头进行授粉。

4）商品花粉好坏辨别方法

（1）看　猕猴桃花粉灰白色，越纯越白。

（2）摸　越光滑越纯。

（3）倒　倾倒越分散越纯。

（4）测　花粉管萌芽要超过花粉直径的10倍方能受精。

（5）试　柱头接受花粉后，第二天或者24小时后柱头萎蔫，表示受精成功，柱头萎蔫多少也是衡量花粉纯度和活力的标准。

5）授粉注意事项　雨天、雾天不能授粉；柱头有水珠不能授粉；温度低于15℃不能授粉；温度高于28℃不能授粉。

6）人工授粉　人工授粉是提高产量及商品率的最有效手段，花粉是在一定的时间内，在一定的温度条件下，才有生命力。使用的花粉最好是当年新鲜的花粉，冷冻的花粉或保存超过5天的花粉，虽有生命力，但其活力已经下降，授粉均不能保证质量。最好的花粉是自花粉离开花药那刻算起，24～48小时的花粉生命力最强，授粉率可达到100%。猕猴桃从开花到谢花只有7天时间，其中盛花期为3天，开花2天后，即进入盛花期，此时为猕猴桃的最佳授粉期。可授粉期为5天左右。

①如何收集及使用花粉　方法一是少量直接使用。先采集含苞欲放的雄花大蕾，然后用镊子采集花药，晾干，收集花粉。再用毛笔等蘸上花粉轻轻地涂抹在雌花柱头上。授粉量小时也可直接将开放的雄花对着雌花轻轻涂抹。

方法二是采集和贮藏大量花粉。花粉的采集方法是：10:00以前，在雄株上采集即将开放或刚刚开放的雄花，再摘下花药，置于黑色塑料袋内，放在25℃左右的恒温箱中或电热毯上，8～12小时花粉即可散出。若温度超过30℃，会杀死花粉，使传粉无效。用细罗筛筛出花粉，装入有色瓶内密封，放在冰箱、冰柜中低温保存，随用随取。若在1～2天内使用，则无须低温保存。

②花粉的唤醒：对在低温冷库或冰箱贮存的或直接购买的纯花粉，使用前务必进行破眠激活，方法是把花粉置于一个容器内，放入水盆并密封8小时左右（不可让水直接接触花粉），让干燥的花粉吸潮复苏，保证活性恢复才可使用。

3.疏果　疏果应在落花后10天左右进行，疏去授粉不良的畸形果、小果、病虫果、黄化果、日灼果等。长果枝留4～5个果，中果枝留2～3个果，短果枝上留1个果。对挂果量过多的树要有选择地疏除枝条上的果，使其达到营养生长和结果的平衡。

4.套袋　套袋是降低病虫危害度，防止果实被有害气体和粉尘、农药污染，可防止日灼、铁锈，使果面洁净，色泽好，这是提高商品率、生产无公害水果的又一有效手段。套袋的最佳时间为6月中下旬，套袋之前必须喷一次有机认证的杀菌剂、杀虫剂，以防止病菌和害虫侵入。

（三）夏季修剪

通过夏季修剪可以降低病虫危害度，使果园通风、透光，加强光合作用，有利于花芽分化，有利于果实对钙质的吸收，从而达到提高商品率、延长果实贮藏期的目的。

1. 抹芽 抹芽从 4 月中旬开始，要贯穿整个夏季，对新栽的当年生树，嫁接部位以下萌发的实生芽，不管春、夏、秋季，只要发出都要抹去。嫁接部位以上的枝全留，以促进幼树多发根，其中，选留一个壮枝作主干，插棍引绑重点培养。作为促发根系生长的辅助枝只摘心不引绑，冬季从基部剪除。

对于到达架面的枝条，要从架面以下 20 cm 处剪除，促发 2～3 个枝蔓，使其上架作永久性主蔓培养，主蔓以下萌发的芽要随发随抹。

二至三年生的幼树，对主干 1.6 m 以下，萌发的芽全部抹除，以集中营养，促进架面以上骨架枝快速铺满架枝，早成树冠。

对四年生以后的成龄树，架面以下任何部位萌生的芽，要全部抹去。对架面以上枝，按枝间距定枝，要求在主蔓两侧，每隔 15～20 cm 留新梢，如果新梢的花蕾或挂果量过大，要有选择性地摘除枝条上的蕾或果，使其达到合理的叶、果比例（3～6 片叶子承担一个果）。抹芽，主要抹去发育不全的芽、过密芽，对并生芽、三生芽，只留中间一个壮芽，着生在靠近主蔓可培养作为下年更新枝的芽，不仅不能抹去，还要重点培养。通过这些措施，使其枝条分布更加合理。

对于多主干上架的成龄园，由于枝蔓多，易造成通风、透光不良，影响产量和质量，因此，要用 2～3 年通过夏剪和冬剪，逐年去除 1～2 个较弱的主干，逐步形成单主干上架，这样既不太影响产量，又能改变多主干上架的不良树形和架式。

2. 摘心（外控内促）

1）进行时间 现蕾至坐果后 20 天内。

2）外控 针对二道丝外的作为当年结果枝的新梢长至 20 cm 及以上时进行摘心（将生长点捏破即可），在最末端的果上方留 5～7 片叶；之后根据发芽情况顶部留一个二次梢，二次梢留 3～4 片叶摘心。

3）内促 主要是对旺长的新梢摘心。作翌年结果母枝保留的徒长枝，留 2～3

片叶摘心,可促发二次分枝,并对二次枝留7~8片叶摘心,通过摘心以控制枝条旺长,促使枝条充实和果实发育。二道丝以内的新梢,可作为下一年的结果母枝培养,则需要留长,至尾部卷曲缠绕时再摘心。

3. 疏枝 主要是疏除细弱枝、过密枝、病虫枝、一些没有发芽和结果的老枝、不作为下年更新枝的徒长枝等。

4. 刻伤、环割、环剥和绞缢 在芽、枝的上方或下方用力横切皮层达木质部,称为刻伤。夏季发芽前后在芽、枝上方刻伤,可阻碍顶端生长素向下运输,能促进切口下的芽、枝萌发和生长。刻伤主要用于幼树整形时促进缺枝一边提早发芽。环割是指在主干上或枝条上,用刀或剪环切一周,深至木质部。环割能显著提高萌芽率。环剥,即将枝干韧皮部剥去一圈(环宽0.5 cm左右)。环割或环剥主要应用在生长过旺的树上,对于生长势不强旺的树不宜采用。绞缢是用铁丝或类似工具将枝干扎紧,类似于环割,但不伤及枝皮层。

这几种方法都是阻断上方叶片制造的光合产物下运,具有抑制营养生长、促进花芽分化和提高坐果率的作用。但因这些措施减少了光合产物下运到根系,从而影响根系的吸收,严重时显著降低根系活力,部分吸收根变黄变黑,甚至死亡,进而影响整株树的生长。

对猕猴桃树而言,刻伤、环割、环剥和绞缢主要用在营养生长过旺、花量少的树上,开花结果正常的树和弱树、幼树等不宜采用。特别是环剥,尽量对徒长性的结果母枝使用,不要处理主干。环剥或环割后的伤口上直接涂药保护,可以选用铜制药剂,同时预防真菌和细菌侵染。

5. 扭梢 扭梢是指在新梢基部处于半木质化时,从新梢基部扭转180°,使木质部和韧皮部受伤而不折断,新梢呈扭曲状态。对于猕猴桃主干与主蔓交界处的旺长新梢可采用这种方式,抑制其长势,促进花芽分化。

6. 拿枝 拿枝是指新梢生长期用手从基部到顶部逐步使其弯曲,伤及木质部,响而不折。对一些位置适当的徒长枝进行拿枝,可减弱生长势,有利于花芽形成。

7. 雄株的夏季修剪 花后及时复剪,把外围的枝条进行回缩,对连续开花2~3年的花枝及过密枝、过弱枝,从基部疏掉,保留强壮的发育枝和部分当年开花的花枝。过分衰弱的雄株应当适当重截。

（四）冬季整形修剪

冬季最佳修剪期为落叶10天以后，一般情况下，从12月5日左右开始，至翌年1月20日前结束。冬剪过早影响养分回流贮藏，过晚会造成伤流，削弱树势。

1. 一至二年生幼树的修剪 一至二年生幼树侧重于整形，以重剪为主，重点培养单主干上架，苗木定植后的第一年冬，选出一条从嫁接部位以上发出的生长健壮、枝条充实、芽饱满的壮枝作主干培养，其他枝条全部剪除。同时，对选留的主干在最高饱满芽处进行短截。对管理好的幼树形成了主蔓、侧蔓，都在饱满芽处短截，主干上对留作主蔓以下的枝条也要全部剪掉，严格确保单主干上架。

2. 初结果树的修剪 初结果树一般枝条数量较少，主要任务是继续扩大树冠，适量结果，以轻剪为主。冬剪时只疏除过密的细弱枝、并生枝、重叠枝。对着生在主蔓上的较弱枝条也要剪留2～3个芽，促使下年萌发旺盛枝条，长势中庸的枝条修剪到饱满芽处，对结果母枝要回缩到距离主蔓较近的强旺枝处，要坚持疏除多主干，保留单主干上架。

3. 盛果期树的修剪 简化修剪程序，实施修剪三步法，即：一疏、二缩、三短截。

1）**疏枝** 疏除枯死枝、病虫枝、多年结果的衰老枝、并生枝、重叠枝、下垂枝、细弱枝和从基部主干上发出的徒长枝，选用当年的发育枝确定为下年的结果母枝。

2）**回缩** 对连续结果多年的衰老枝和结果部位外移严重的枝进行回缩，至少回缩到行距的中间线以内，或回缩到该树的树冠以内。对于多主干上架的成龄园，应用2～3年逐年去除较弱的主干，最终保持单主干上架。

3）**短截** 对选留的结果母枝，要根据生长状况修剪到饱满芽处，留芽量的确定要因枝条而异，粗壮枝条、芽饱满尽可能多留芽，对弱树应多留枝少留芽，以利于恢复树势，旺树应多留芽少留枝，缓和树势，以利于成花结果。根据选留枝条生长状况修剪到饱满芽处，一般剪口直径0.8 cm左右，宜布满架面，绑蔓后，同侧相邻母枝相距30～40 cm。留枝量可按单株所占的面积确定，一般每平方米留结果母枝2个为宜。特别注意，对当年结果枝的修剪要有足够的认识，它在整个修剪程序中占有重要的地位，猕猴桃的结果枝有连续结果的现象，一般中旺结果枝能保持2年以上的连续结果，在每年冬剪的留枝量中所占的比例较大，所以搞好当年结果枝的修剪，很大程度上决定着下年的产量。

4. 绑枝 绑枝时首先要使枝蔓在架面上分布均匀，将各主蔓尽量按原来生长方向绑缚在架面上。其次，保持各枝蔓间距离大致相等，不交叉，不重叠，不留大空间。再次，尽量使枝条水平向前延伸。最后，除了分布均匀外，绑缚时既要注意给枝条加粗生长留有余地，又要在架上牢固固定，通常用"8"字形绑缚，使枝条不直接紧靠铁丝，留有增粗余地。绑枝工作要求春节前结束。

5. 雄树冬季修剪　针对缠绕枝、病虫枝、干枯枝、细弱枝、过密枝做适当修剪。

五、猕猴桃病虫害防治

（一）猕猴桃病虫害综合防治体系

果树的病虫害综合防治是从果园生态系统的整体出发，把防治的病虫看成是整体中的组成部分来考虑，以种植无病菌、无病毒苗木为起点，以植物检疫、农业防治为基础，结合物理防治和生物防治，按照品种特点、生育期特点、病虫害的发生规律，协调使用好化学农药与保护天敌的关系，把病虫控制在允许的经济受害水平以下。

1. 坚持"预防为主"的方针，加强农业综合防治 农业综合防治是果树栽培中的重要防治措施，其实质是"防重于治，防治结合"，重治不重防或防治措施单一，会导致病虫害危害严重和用药量的增加。所以，加强农业综合防治，为果树生长发育创造良好的生态环境，促其健壮生长，提高其抵抗病虫害的能力，抑制病虫害的发生，实现防病治虫的目的。农业综合防治要依据病虫害发生的特点和果树的生长特性来实施，常用的防治措施如下。

做好清园工作：清扫园内枯枝落叶、病残果，保持园内清洁卫生。

精细修剪：剪掉病枝、枯枝，可清理掉如顶梢卷叶蛾，枝条上的介壳虫、叶蝉卵、溃疡病斑等。

另外，果园生草、覆膜、科学施肥灌排、选择抗病虫害品种等措施，都能降低病虫的越冬基数，减少用药量。

2. 搞好物理防治，减少越冬病原菌和虫口密度

1）依据害虫的生活习性，采取相应措施，将其消灭 例如，在树干基部绑塑料薄膜阻止雌虫上树，进行捕杀；利用害虫的趋光性诱杀害虫，如在果园内设置黑光灯，可有效诱杀卷叶蛾、叶蝉、金龟子等害虫。

2）**树干涂白** 可预防日灼、冻裂，同时还可以杀死病菌、虫卵。涂白的配制比例：水 10 份，生石灰块 3 份，硫黄粉 0.5 份，食盐 0.3 份，动、植物油和面粉各 0.2 份。配制方法：先用大部分水将生石灰块化开，再用剩余少量水将硫黄粉等其他物品调成乳状物，最后把乳状物倒入石灰水中搅拌均匀即可涂刷。

3）**手术治疗** 刮除病斑，去除病枝和病根，铲除病源，能有效地控制病情发展，减少溃疡病、根腐病、介壳虫等病虫害的越冬基数。

4）**套袋保护** 果实套袋是目前生产绿色果品的有效途径。果实套袋后，可以阻挡病原菌和害虫侵入，因而可避免农药、尘埃等污染。

3. 改善生态环境，强化生物防治 生物防治是指利用天敌昆虫防治果树病虫害的一种方法。随着绿色果品的兴起，生物防治在防治工作中的地位越来越高，良好的生态环境是天敌昆虫赖以生存和发展的基础。因此，合理间作和种植绿肥等措施，为天敌创造良好的生存条件，保护好天敌昆虫，才能实现以虫治虫的目的。

1）**保护天敌的主要措施** 一是限制广谱性杀虫剂的用量，广谱性杀虫剂在消灭害虫的同时，也杀伤了天敌，降低了天敌的数量。所以，不用或尽量少用广谱性杀虫剂是保护天敌的根本措施。二是根据天敌种群的生长情况，适时用药。果树生长前期（6 月以前）是害虫发生初期，也是天敌大量繁殖期。此时若喷施广谱性杀虫剂，既消灭了害虫，也杀伤了天敌，从而使天敌种群难以在果树生长季节恢复，导致了天敌对害虫的失控，不得不使用化学防治。

2）**果园生草，改善天敌的生存环境** 目前，河南省的果园大部分都是清耕制，这种耕作方式，可以避免杂草与果树争肥水的现象。但是，对土壤保持肥水，改善土壤结构，尤其是不利于天敌的繁衍生息等方面分析，却不如生草法更科学、更合理。所以果园生草，适时刈割，既能培肥地力，利于果树生长，又能增加天敌的种类和数量，从而减少农药用量。

3）**招引天敌** 在果园中给天敌增添食料或设置隐蔽的越冬场所，把果园周围的天敌招引进来，以增强它们的有效性。例如，利用果园边角余地有意识地种植花期长的植物，以招引寄生蜂、寄生蝇、食蚜蝇和草蛉等飞到果园中取食繁殖；在晚秋天敌越冬前，在枝干上绑草环等，能将果园周围的玉米、大豆等农作物上的天敌诱集到果园中越冬。

4）**性诱杀** 利用性诱杀剂，干扰昆虫正常交配活动，使其不能繁衍后代，实现消灭害虫的目的。害虫性诱杀剂有：桃小食心虫、苹小卷叶蛾、苹大卷叶蛾、金蚊细蛾、梨小食心虫等性诱芯（管）。

4. 科学应用化学防治　果树萌芽期，在树体上越冬的大部分害虫已出蛰，此时用药会收到事半功倍的效果，且不影响天敌。其原因：一是大部分害虫显露在外面，无叶遮盖，易接触到药剂；二是虫体数量少，且耐药性差，害虫触药易死亡。

任何病虫害在田间发生、发展都有一定规律，要根据病虫害消长规律，讲究防治策略，准确把握防治时期。搞好预测预报，及时用药，将病虫害消灭在点片发生阶段，及时发现中心病株，堵住源头，防止扩散。

要广泛推广使用微生物源、植物源和矿物源农药。当前，在果树害虫防治上使用的微生物源农药有农抗120、阿维菌素、苏云金杆菌等，其中阿维菌素主要用于防治螨虫，苏云金杆菌主要用于防治鳞翅目害虫和各类毛虫；白僵菌主要用于地面施药，防治在土中越冬的害虫。还有昆虫生长调节剂如灭幼脲、除虫脲等。这些药剂防治鳞翅目害虫效果很好。植物源农药有绿保威、除虫菊、印楝素、苦参碱、烟碱、大蒜素、松脂合剂、川楝素等。矿物源农药有石硫合剂、波尔多液、硫酸铜、石油乳剂、柴油等。严禁使用剧毒、高毒、高残留、致癌、致畸、致突变农药。

用药注意事项：适量用药是科学用药的重要手段，生产中存在某些用药误区，片面认为用药量越大，杀虫或治病效果越好。不要随便降低或提高农药的使用浓度。交替用药，既能提高药效，又能延缓害虫产生抗药性，延长农药使用年限。

喷洒农药一定要注意施药质量，保护性杀菌剂、触杀性杀虫剂、内吸性杀菌剂，喷药时必须均匀、周到是有利无害的。施药质量是决定防治效果的重要内容。

目前，化学农药的使用方法主要是喷雾，这样就不可避免地对环境造成一定的影响。相反，如果根据害虫的生物学特性，改变施药方式，可有效地避免这一现象。可采用涂环、用吊瓶注射、地面施药等方法，就可减轻对非目标生物的影响。

（二）病虫害防治的主要时期、对象及方法

1. 猕猴桃主要病害防治

1）猕猴桃主要病害防治指标和防治适期　如表4-1所示。

表4-1 猕猴桃主要病害防治指标和防治适期

病害名称	防治指标	防治适期
溃疡病	每年预防	冬季涂干，保护防冻 伤流期、秋季采果后，每7~10天1次，连喷2~3次
花腐病	上年出现过危害	萌芽至开花前及采果后都需喷药
根腐病	有症状即防治	发现树势变弱、叶片非生理性发黄或叶片萎蔫，采取刮除病组织后使用药剂涂抹、灌根或换土等处理 死树直接销毁
褐斑病、灰斑病	5%以上的病叶率	5月是最佳保护预防关键期，开花前后各喷1次药减少侵染。结合防治果实病害一起进行
灰霉病、菌核病、黑斑病、蒂腐病、果实软腐病	5%以上的病叶率或上年出现过病害	蕾期、花后结合防治细菌性病害、果实病害一起进行
膏药病、藤肿病	一旦出现危害症状	萌芽至新梢抽生期，地面撒施硼砂，花期喷施硼酸
病毒病	一旦出现危害症状	及时剪除病枝或病叶，并喷施防治药剂
根结线虫病	一旦出现危害症状	栽植无病苗木，沙土地或有机质含量低的园区，需要加强防治

2）猕猴桃主要病害防治方法和使用药剂 如表4-2所示。

表4-2 猕猴桃主要病害防治方法和使用药剂

病害名称	防治方法和使用药剂
溃疡病	①冬季清园，全园喷施5波美度石硫合剂一次，萌芽前喷施一次3~5波美度石硫合剂 ②早春发病期，每5天左右全园检查一次，若是枝条发生轻微症状，可将枝条剪除销毁；对染病的主干、主蔓未造成皮层剥离时，彻底刮除病斑，以病斑为中心涂药防治，涂药范围应扩大到病斑范围的2~3倍，药剂可使用春雷·王铜、叶枯唑、噻霉酮膏剂、梧宁霉素、氯溴异氰尿酸等；若是主干发病较重，可直接将主干剪至健康部位以下40 cm处，再涂上铜制剂；若整株发病较重，主干几乎无健康部位，需将整株剪除销毁，土壤消毒；刮去的病残体带离果园深埋，并对工具消毒 ③采果后至冬剪期对全园全树喷施一次氢氧化铜、春雷·王铜或波尔多液等；对主蔓、主干及大枝进行2~3次喷淋，药剂选用梧宁霉素、中生菌素、春雷霉素等抗生素类或荧光假单胞杆菌、解淀粉芽孢杆菌等生物菌剂。喷淋浓度为常用浓度的10倍，两次施药间隔期10~15天
花腐病	①猕猴桃芽萌动期全园喷施21%过氧乙酸水剂400倍液 ②展叶期、蕾期用噻唑锌、代森铵、春雷·王铜、氢氧化铜、噻菌铜等药剂防治

病害名称	防治方法和使用药剂
根腐病	70% 甲基硫菌灵可湿性粉剂 1 000~1 200 倍药液灌根，也可选用甲霜噁霉灵、代森锰锌，不同药剂交替使用。严重者将病株清出园区销毁，土壤用生石灰消毒，最好换土补栽
褐斑病、灰斑病	①冬剪绑枝后、萌芽前用 3~5 波美度石硫合剂全园喷施 ②开花前后防治可选用代森铵、氯溴异氰尿酸、二氯异氰尿酸钠、噻菌铜、春雷·王铜、甲基硫菌灵、嘧菌酯等 ③7~8 月用 50% 多菌灵 800 倍液或 70% 代森锰锌可湿性粉剂 1 000 倍液或70% 甲基硫菌灵可湿性粉剂 1 000 倍液或 2% 多抗霉素可湿性粉剂 2 000 倍液，也可选用苯醚甲环唑、肟菌酯、氟吡菌酰胺、氟硅唑、噻霉酮等，每隔 15 天喷施 1 次，连喷 2~3 次 ④采果后喷施一次波尔多液或氧化亚铜
灰霉病、菌核病、黑斑病、蒂腐病、果实软腐病	①花蕾期及花后使用苯菌灵、嘧霉胺、腐霉利、异菌脲、嘧菌酯等药剂防治 ②6~7 月可对果实进行套袋，注意套袋前要对果实、树体喷施杀菌剂；采果后用甲基硫菌灵、氯溴异氰尿酸、苯醚甲环唑等抗真菌性药剂防治
膏药病、藤肿病	①及时防治介壳虫或叶蝉等传播媒介 ②对缺硼果园及时补充硼肥，在萌芽至新梢抽生期（4~5 月）地面施硼砂，每平方米地面均匀撒施 1~2 g，再翻入土中，并于花期前后叶面喷施 0.1%~3% 硼酸液 1~2 次。将土壤速效硼含量提高到 0.3~0.5 mg/kg，枝梢全硼含量达到25~30 mg/kg ③冬季用 3~5 波美度石硫合剂或 1：20 石灰乳涂抹病部，膏药病需要用竹片或小刀刮除菌膜，再涂抹；生长季节，先刮除膏药病斑，随后涂抹甲基硫菌灵等常规防治真菌药剂防治
病毒病	全园喷施氨基寡糖素、阿泰灵、嘧啶核苷类抗生素、氯溴异氰尿酸或盐酸吗啉胍·铜等药剂防治
根结线虫病	①对有根结线虫病的苗木，栽植前剪除病根，用 48 ℃热水浸根 15 分，或用阿维噻唑膦水溶液浸根 1 小时，可有效杀死根结线虫 ②对于发病的园区，在病株冠下 5~10 cm 的土层撒施阿维噻唑膦颗粒剂，施药后需浇水，药效期长达 2~3 个月，或用氟吡菌酰胺或阿维菌素水溶液灌根 ③对重病苗或重病树要及时烧毁，并进行土壤消毒

2. 猕猴桃主要虫害防治

1）猕猴桃主要虫害防治指标和防治适期　如表 4-3 所示。

表4-3　猕猴桃主要虫害防治指标和防治适期

虫害名称	防治指标	防治适期
东方小薪甲	一旦发现即可防治	在 5 月下旬至 6 月上旬，连续喷药 2 次
金龟子	出土成虫性比接近 1：1后的 1~2 天	4 月上中旬，进行喷药或诱杀
介壳虫	2% 虫枝危害率	3~10 月，若虫盛发期，进行点治和全园喷施药剂
叶蝉、蚜虫螨等	5% 虫叶率	4~10 月，若虫或成虫发生盛期喷施药剂 1~2 次

虫害名称	防治指标	防治适期
吸果夜蛾类等	2% 的虫叶率或果实危害率	5~10 月，产卵高峰期后 1 周内或者 2~3 龄幼虫期，进行喷药
蝙蝠蛾等钻蛀性蛾类	一旦发现即可进行	4~11 月

2）猕猴桃主要虫害防治方法和使用药剂　如表4-4所示。

表4-4　猕猴桃主要虫害防治方法和使用药剂

虫害名称	防治方法和使用药剂
东方小薪甲	在 5 月下旬至 6 月上旬，连续喷 2 次杀虫药，药剂可用 2.5% 高效氯氟氰菊酯乳油 3 000 倍液或 0.26% 苦参碱水剂 800 倍液或 10% 吡虫啉可湿性粉剂 5 000 倍液或 50% 敌百虫乳油 800~1 000 倍液等高效低毒药剂
金龟子	①在幼虫期，可采用绿僵菌或噻虫胺拌土撒施后灌溉。加强有机肥腐熟化处理，可有效杀死蛴螬（金龟子幼虫） ②在成虫期，可用 8% 糖和 1% 醋水溶液加 0.2% 氟化钠配成的诱杀液挂瓶诱杀 ③在成虫出土后几天，即 4 月上中旬，此期成虫不飞翔，可用茚虫威、甲维盐或高效氯氟氰菊酯等药剂喷洒地面 ④成虫发作盛期，于每晚黄昏对树冠喷雾，可选用高效氯氟氰菊酯等药剂
介壳虫	①在冬剪绑枝后、萌芽前喷施 3~5 波美度石硫合剂 ②在若虫盛发期，5 月下旬至 6 月上旬和 7 月下旬至 8 月上旬，用钢丝刷刷除密集在主枝上的虫体，也可喷 45% 螺虫乙酯或 25% 噻嗪酮悬浮剂或 20~25 倍的松脂合剂
叶蝉、蚜虫、螨类等	成虫发生初盛期，可用吡虫啉灌根，或喷施吡虫啉、啶虫脒，或喷施 50% 抗蚜威可湿性粉剂 4 000 倍液及其他菊酯类药剂
吸果夜蛾类等	①在冬剪绑枝后、萌芽前喷施 3~5 波美度石硫合剂 ②在产卵高峰期后 1 周内或者 2~3 龄幼虫期，喷布 10% 吡虫啉可湿性粉剂、70% 啶虫脒水分散剂、除虫菊酯乳油、50% 敌百虫乳油 800~1 000 倍液；高效氯氟氰菊酯、甲维盐等可防治蛾类等害虫
蝙蝠蛾等钻蛀性蛾类	检查果园，发现树干基部或嫩枝有虫包或虫屎时，撕破虫包，用细铁丝插入虫孔，刺死幼虫。或用敌百虫、甲维盐、菊酯类药剂滴注，或用磷化铝片剂，每孔用 0.1 g 即可，孔口用湿泥堵塞，毒杀幼虫

3. 农药配制换算法及注意事项

1）农药配制换算法　农药配制换算法如表4-5所示。

表4-5　配制不同浓度药液所需农药量的快速换算表

加水稀释倍数	需配制药液量（L、kg）								
	1	2	3	4	5	10	20	30	40
	所需药液量（mL、g）								
50	20	40	60	80	100	200	400	600	800
100	10	20	30	40	50	100	200	300	400
200	5	10	15	20	25	50	100	150	200
300	3.1	6.8	10.2	13.6	17	34	68	102	136
400	2.5	5	7.5	10	12.5	25	50	75	100
500	2	4	6	8	10	20	40	60	80
1 000	1	2	3	4	5	10	20	30	40
2 000	0.5	1	1.5	2	2.5	5	10	15	20
3 000	0.34	0.68	1.02	1.36	1.7	3.4	6.8	10.2	13.6
4 000	0.25	0.5	0.75	1	1.25	2.5	5	7.5	10
5 000	0.2	0.4	0.6	0.8	1	2	4	6	8

（1）查表方法

例1，某农药使用浓度为2 000倍液，使用的喷雾机容量为5 kg，配制1桶药液需加入农药量为多少？

先在农药稀释倍数栏中查到2 000倍，再在配制药液量目标值的列中查5 kg的对应列，两栏交叉点2.5 g或2.5 mL，即为所需加入的农药量。

例2，某农药使用浓度为3 000倍液，使用的喷雾容量为7.5千克，配制1桶药液需加入农药量为多少？

先在农药稀释倍数栏中查到3 000倍，再在配制药液量目标值的列中查5 kg、2 kg、1 kg的对应列，两栏交叉点分别为1.7、0.68、0.34（1 kg表值为0.34，0.5 kg表值为0.17），累计得2.55 g或2.55 mL，为所需加入的农药量，其他的算法也可以此类推。

（2）农药配制计算方式

①稀释倍数在100倍以上的计算方式

药剂用量 = 用水量 / 稀释倍数

②稀释倍数在100倍以下时的计算方式

药剂用量 = 用水量 / （稀释倍数 −1）

2）农药配制注意事项

·仔细阅读农药商品使用说明书和标签内容，确定当地条件下的用药量、使用方法。

·药液调配要认真计算制剂取用量和配料用量，以免出现差错。

·计算后的制剂取用量，要严格按规定量提取。液体药要用有刻度的量具，固体药要用秤称量。提倡厂家产品包装有为定量提取提供方便的条件。不能用瓶盖倒药或饮水桶配药。

·不提倡以综合治理为由，将各类药同时混配对水喷施，如有必要须在专家指导下进行。

·不能用盛药水的桶直接下沟、河取水；不能用手伸入药液或粉剂中搅拌，不能用手直接接触颗粒剂撒施，如遇喷雾器堵塞，不能用口直接吹。

·开启、配制和使用农药过程中要佩戴一定的防护用品；药品存放要安全，远离儿童。

·孕妇、哺乳期妇女不能参与配药和喷施农药。

·配药器械一般要求专用，每次用后要洗净。不得在河流、小溪、井边冲洗。

·少数剩余和废弃的农药应深埋入地坑中。建议按规定处理农药包装物。

·处理粉剂时要小心，防止粉尘飞扬。

六、猕猴桃果实采收与贮藏包装

（一）果实采收期的确定

猕猴桃品种繁多,不同品种从受精完成后果实开始发育到成熟需要 130~160 天。品种之间果实生育期差别很大，成熟期从 8 月开始持续到 10 月底。同一个品种的成熟期受到气候及栽培措施等影响，不同年份之间差别可达 3~4 周。而猕猴桃果实成熟时外观不发生明显的颜色变化，不产生香气，当时也不能食用，给确定适宜采收期带来了困难。过早采收，果实内的营养物质积累不够，导致果实品质下降；过晚采收，则会有遇到低温、霜冻等危害的可能。猕猴桃果实接近成熟时，内部会发生一系列变化，其中包括果肉硬度降低等，而最显著的变化是淀粉含量的降低和可溶性固形物含量的上升。在果实发育的后期，淀粉含量占总干物质的 50% 左右，进入成熟期后果实中的淀粉不断分解转化为糖，淀粉含量持续下降。而果实内糖的含量由于淀粉分解转化和来自枝蔓的营养输送显著升高，可溶性固形物（其中大部分是糖类）含量逐渐稳步上升。如果果实一直保留在树上不采收，可溶性固形物可以上升至 10% 以上，以至于达到可食状态。不同品种的果实内淀粉转化为糖的过程开始的时期不同，可溶性固形物含量上升的速度也不相同。

（二）采收技术

为了保证果实采收后的质量及安全无公害，采收前 20~25 天果园内不能喷洒农药、化肥或其他化学制剂，采收前 10 天不再灌水。

采果应选择多云或晴天的早、晚凉爽时进行，不能在雨后或有晨露、晴天的中午和午后采果。采收时，随时将装满的果箱转移到阴凉处避免日晒。

为了避免采果时造成果实机械损伤，果实采收时，采果人员必须经专门训练，采果时应轻拿轻放，禁止用手指重压、抛掷或滚动果实。采果人员应剪短指甲，戴软质手套。

采果用的木箱、果筐等应铺有柔软的铺垫，如草秸、粗纸等，以免果实撞伤。

采果要分级分批进行，先采生长正常的商品果，再采生长正常的小果，对伤果、病虫危害果、日灼果等应分开采收，不要与商品果混淆，先采外部果，后采内部果。

采摘后必须在 24 小时内入库。

整个操作过程必须轻拿、轻放、轻装、轻卸，以减少果实的刺伤、压伤、撞伤。采收时严格操作，以保证入库存放时间长，软化烂果少。

（三）果品质量标准

合格的猕猴桃商品果，应达到一定的大小、外观和内质的水准，果实大小对商品性有重要的影响，在一定范围内果实越大，其商品性越好。

1. 采收成熟度　果实必须充分完成成熟过程。采收的成熟度与贮藏、运输、终点站市场货架期密切相关。不同的品种有不同的适宜采收期，一般而言，中华猕猴桃品种的适宜采收指标为果肉可溶性固形物的质量分数达 7.5%，美味猕猴桃为 6.5%。

2. 果实大小　鲜食果的单果重不小于 50 g。90~120 g 为一级果，120~130 g、80~90 g 为二级果，60~80 g、130 g 以上为三级。优质果要求，果形端正、整齐、美观、色泽好、无异味，且具有该品种的明显特征。

3. 可溶性固形物含量　果实经后熟之后的果肉的可溶性固形物含量在 17% 以上为特等，14.5%~16.9% 为一等，13.5%~14.4% 为二等，12%~13.4% 为三等。

4. 果实维生素 C 含量　鲜食果维生素 C 含量在每 100 g 果肉 60 mg 以上。

5. 果实贮藏性能　中华猕猴桃在日最高气温 30 ℃ 以下时存放 7 天以上；在 20 ℃ 以下存放 10 天以上；在 0~2 ℃ 冷藏条件下存放 3 个月以上，美味猕猴桃在以上 3 种温度条件下分别存放 10 天、14 天和 5 个月以上。

总的来说，鲜果要求有良好的一致性（包括形状、大小或重量、成熟度等），无任何病虫和机械伤，无畸形果、品种真实可靠。另外，农药残留不得超过国际和我国允许的标准。

（四）果实的贮藏

1. 贮前准备

1）库房准备

采果前1个月进行。

（1）设备完好性检查与维修　在果实入贮前，应检查冷库库体有无损坏、漏热，检修所有设备，包括制冷、加湿、电路、控制、供排水设备等，做好使用前的准备，以保证产品安全、顺利地贮藏。

（2）清扫与消毒　在常年贮藏周转过程中，贮藏库内地面、墙壁、货架、箱筐及空气中存在大量的病原菌，因此贮前必须进行彻底清扫和消毒处理。

2. 入库要求

第一，将挑选后的猕猴桃逐个轻轻放入果箱，果距箱沿1 cm左右。

第二，品种间不能混贮。按产地分别堆码，并悬挂垛牌。

第三，货垛堆码要牢固、整齐，货垛间隙走向应与库内气流循环方向一致，便于通风降温。货垛间距0.3 m，库内通道宽1.2~1.5 m，垛底地面距箱底10~15 cm。果箱间1~2 cm距离，货垛距离库墙0.2 m，距冷风机1.5 m，距库顶0.6~1.0 m。

3. 贮期管理

1）温度　猕猴桃入库期间，每天果实入库，使库温波动在3 ℃以内。贮藏温度：对靠近蒸发器及冷风出口处的果实应采取保护措施，以免发生冻害。

2）湿度　冷库内湿度管理也很重要，在前期降温阶段不要加湿。适宜空气相对湿度为90%~95%，贮藏中如果空气湿度达不到要求，要进行加湿。库温、果温均降至要求，且稳定后再进行加湿。

3）通风换气　猕猴桃在冷藏期间产生的二氧化碳、乙烯及其他挥发性物质，在夜间或清晨低温时段通风换气排出。

4. 贮藏质量及检验

1）质量　猕猴桃晚熟品种的常规冷藏寿命为3~5个月。（对冷害敏感的品种，如红阳、华优等，不主张作长期贮藏，尽量提早销售。）

2）入库检验　检查外观质量、内在（糖度、硬度）质量，逐项按规定检验，分项记录于检验记录单上。

3）贮藏期检验　冷藏期间每月抽验一次，检验包括果实硬度、糖度、病害、

腐烂、失水等。

4）出库检验 猕猴桃出库前检验果实硬度、病害腐烂、自然损耗，统计损耗率，填好出库检验记录单。

（五）果实包装

猕猴桃属于浆果，怕压怕撞怕摩擦，包装物要有一定的抗压强度；同时猕猴桃果实容易失水，包装材料要求有一定的保湿性能。国际市场的包装普遍使用托盘，托盘由优质硬纸板或塑料压制成外壳，长41 cm、宽33 cm、高6 cm。内有聚乙烯薄膜，以及预先压制的有猕猴桃果实形状凹陷坑的聚乙烯果盘。果形凹陷坑的数量及大小按照不同的果实等级确定：果实放入果盘后以聚乙烯薄膜遮盖包裹，再放入托盘内，每托盘内的果实净重3.6 kg。托盘外面标明有注册商标、果实规格、数量、品种名称、产地、生产者（经销商）名称、地址及联系电话等。我国目前在国内销售的包装多采用硬纸板箱，每箱果实净重2.5～5 kg，两层果实之间用硬纸板隔开。也有部分采用礼品盒式的包装，内部有透明硬塑料压制的果形凹陷，外部套以不同大小的外包装。这些包装均缺乏保湿装置，同时抗压能力不强，在近距离的市场销售尚可适应，远距离的销售明显不适应。需要对外出口的果实，只有采用托盘包装才能保证到达目的地市场后的果品质量。

七、自然灾害的防御

（一）防冻

1. 冻前灌水　冻前进行浇水或灌水一定要在降温之前进行，灌后即排。浇水时如结合施用人粪尿，效果更好。冻后不宜再灌水，以免加重冻害。

2. 用烟雾增温，保温防霜　在寒流到来前，果园备好锯木屑、草皮等易燃烟物，每隔10 m一堆（易燃烟物掺少量废柴油，可提高烟雾热气），在寒流来临前22:00后点燃易燃烟物。

3. 覆盖　冬季在树盘周围用稻草、秸秆等覆盖10~20 cm，或用地膜覆盖，可提高土壤温度。

4. 树体包裹　大冻到来之前，用草绳缠绕主干、主枝或用草捆好树干，可有效防止寒流侵袭，来年春解草把并集中烧毁，既防冻又可消灭越冬的病虫。

5. 营造防护林　利用防护林改善果园小气候，可减弱风速，抑制干旱，减轻冻害。营造防护林采取乔灌结合，以常绿树最为理想。

6. 冻后应急措施　树冠上的积雪要及时摇去或用长棍敲落，并将积雪堆培于树的根部，既可使土壤增墒保温，又能防止积雪压断枝条。

7. 喷水洗霜　冻后应抓紧在化霜前用粗喷头的喷雾器喷水冲洗凝结在叶上的霜，防止叶片受阳光照射，温度剧变，造成失水枯叶，以减轻冻害。另外，要注意清除枯叶。叶片受冻后，呈枯萎状态悬挂在枝梢上不落，应及时打落或剪除冻枯的叶片，减少树体的水分散耗，防止枯枝绿的枝梢进一步枯死。

还可以考虑及时灌溉。树体冻后失水较多，根系和树体十分需要水分，应在解冻后及时灌水，一次性灌足灌透。

（二）防干热风

1. 干热风的危害 猕猴桃枝蔓脆，叶子表面缺乏角质层。干热风有 3 个指标，即气温 30 ℃以上，空气相对湿度 30% 以下，风速 30 m/s 以上。3 个指标中，30 ℃以上高温对猕猴桃生长不利，另两个因子均为猕猴桃生长环境所忌讳的。三者加起来会导致猕猴桃失水过度，新梢、叶片、果实萎蔫，果实表面发生日灼，叶缘干枯反卷，严重时脱落。事实证明，北方 6 月的干热风，每次都给猕猴桃园造成极大的危害，如果没有有效的防范措施，它将成为发展猕猴桃产业的一个重要限制因子。

2. 防御措施 预防和降低干热风危害可采取以下措施：

1）**干热风来临前充分补水** 根据天气预报，在干热风将要来临前 1~3 天，进行一次猕猴桃园灌水，让树体在干热风到来之际有良好的水分状态，土壤和根系处于良好的供水和吸水状态。有条件的地方，在干热风来临时，对猕猴桃园进行喷水。如果能做到这两点，即可杜绝干热风的危害。

2）**进行间作或生草** 在常发生干热风的地区，可采取猕猴桃果园间作和果园生草栽培模式。草坪的降温和蒸发有提高果园湿度的作用，可以很好地缓解干热风的危害。

（三）防日灼

采用大棚架整形的猕猴桃果园，一般不会发生果实和枝蔓的日灼病，因为果实基本上全在棚架下面。但是在幼龄园或"T"形架整形情况下，有果实外露现象，时有日灼发生。猕猴桃果实怕直射的强烈日光，如果在 5~9 月，未将果实套袋或遮阴，直接暴晒在阳光下，就会发生日灼。其症状为果肩部皮色变深，皮下果肉变褐不发育，形成凹陷坑，有时有开裂现象，病部易继发感染炭疽等真菌病。预防猕猴桃日灼的措施为：从幼果期开始，对果实进行套袋遮阴，以降低日灼的发生率，提高商品果率。

采取措施预防高温危害。不管是干热风还是日灼对猕猴桃的危害主要还是高温，采取生草制是预防高温危害的有效办法之一。根据对清耕园与生草园的对比调查，当自然界温度达到 35 ℃时，清耕园区内温度可达 45~48 ℃。园区内温度高于自然温度的原因是果园受到太阳直射光和地面反射光的双重作用，而且园区的空气相对湿度也比自然空气相对湿度低 5% 左右。因此推行生草制，提倡和引导果农在果园内种植毛苕子、白三叶草、苜蓿等豆科作物，日灼发生率就会大大降低。究其原因，主要是减少了园地的反射光，降低了园区内温度，增加了园区内的空气湿度。经测定，生草2年以上的果园，园区内的空气湿度比自然湿度高15%~18%，空气里的水分弥补了蒸腾的部分水分。另外，培养健壮树体、合理留枝、科学夏剪亦是预防高温危害的好办法。

（四）防涝灾

整个园地全部沉浸在水里的情况下，就会出现果园涝灾。夏季24小时之内就会毁园，连阴雨引起土壤墒情过高和空气湿度过大，会引起根系呼吸不良，诱发根腐病。长期渍水后叶片黄化早落，严重时植株死亡，特别在果实膨大期干旱遇雨，常有裂果发生。预防措施是：干旱时注意灌水，保证树体维持在一个较稳定的水分状态下，从而避免时而缺水、时而过度吸胀对生长的不良影响。而水涝时，一定要及时做好排水工作。因此，园内一定要设置排水系统。

（五）暴风雨和冰雹

暴风雨和冰雹的危害主要是使嫩枝折断，叶片破碎或脱落，不能为植物体制造赖以生存和结实的碳水化合物，导致当年和翌年的花量和产量减少。严重时刮落或打烂果实，或使果实因风吹摆动擦伤，失去商品价值。常言道"暴雨一小片，雹打一条线"，说明这2项自然灾害的发生有一定的规律，还是可以在一定程度上预防的。

预防的关键首先在于建园前的选址。自然界的大气流运动有一定的规律，冷暖气团急剧相遇引起暴风雨和冰雹。气团的运动除了受季风的影响以外，还受地面上水域、山脉，甚至小生态环境的影响。所以其发生的地域有一定的固定性。建园时一定要避开这些会引起麻烦的地区。其次，已经在时常有暴风雨和冰雹发生的地区建园时，生长季要特别注意当地的天气预报。这些果园所在地的行政组织应组织安装或调配防暴雨、防雹设施，如火炮、引雷塔、飞机等。小面积果园可以在果园周围设立柴油燃烧装置和驱雹火炮。当预报有暴风雨和冰雹时，安排专职人员密切注意高空积雨云层形成的强弱与运动方向，若积雨云为黑色，翻滚剧烈，来势凶猛时，就是暴风雨和冰雹的发生征兆。掌握时机，在积雨云层即将到来之前，点燃柴油,形成局部热空气,冲散积雨云层;或放高空火炮以驱走或驱散雹云;或出动飞机,进行异地人工降雨;或在空旷水域、地域设置引雷塔,以雷电定点引导暴风雨和冰雹的发生地域。在法国、日本和新西兰等国,有的猕猴桃园还以小区为单位设有防雨棚或防风防雹网。

(六)肥害的预防

1. 一般作物肥害的特征

1)**脱水** 施化肥过量,或土壤过旱,施肥后引起土壤局部浓度过高,导致作物失水并呈萎蔫状态。

2)**灼伤** 烈日高温下,施用挥发性强的化肥(如碳酸氢铵等),造成作物的叶片或幼嫩组织被灼伤(烧苗)。

3)**中毒** 尿素中"缩二脲"成分超过 2.0%,或过磷酸钙中的游离酸含量高于5%,施入土壤后引起作物的根系中毒腐烂;施用较大量未经腐熟的有机肥,因其分解发热并释放甲烷等有害气体,造成对作物种子或根系的毒害。

2. 肥害的预防

1)**选施标准化肥** 不要随意加大用量。

2)**追肥适量** 碳酸氢铵每次每亩不宜超过 25 kg,并注意深施,施后覆土或中耕;尿素每次亩施量控制在 10 kg 以下;施用叶面肥时,各种微量元素的适宜浓度一般在 0.01%~0.1%,大量元素(如氮等)在 0.3%~1.5%,应严格按规定浓度适时适量喷施。

3)**合理供水** 土壤过于干旱时,宜先适度灌水后再行施肥,或将肥料对水浇施。

4)**化肥匀施** 撒施化肥时,注意均匀,必要时,可混合适量泥粉或细沙等一起撒施。

5)**适时施肥** 一般宜在日出露水干后,或午后施肥,切忌在烈日当空时进行。此外,必须坚持施用经沤制的有机肥,在追施化肥过程中,注意将未施的化肥置放于下风处,防止其挥发出的气体被风吹向作物,以免造成伤害。

若不慎使作物发生前述肥害时,则宜迅速采取适度灌、排水,或摘除受害部位等相应措施,以控制其发展,并促进长势恢复正常。

3. 肥害识别 能引起肥害的原因：

1）内部因素

（1）氯化铵 农用氯化铵是一种含氮量约 25% 的氮肥，不宜用作种肥和秧田肥。因为氯化铵在土壤中会生成水溶性氯化物，影响种子的发芽和幼苗生长。不能用于排水不利的盐碱地上，以防止加重土壤盐害。不适于干旱少雨地区。

（2）尿素 尿素溶液的浓度过高时，能破坏蛋白质结构，使蛋白质变质，影响种子发芽和幼苗根系的生长发育，严重时使种子失去发芽能力。

尿素施入土壤后，迅速发生氨化作用，48 小时后在施肥部位就有大量铵态氮积累，1 周后进入氨化高峰期，尿素转化生成的氨直接危害种子和幼苗。

由于铵态氮的大量积累，施肥部位局部土壤酸碱度迅速上升，幼芽或幼根处于高氮强碱区域，便会受到灼烧和毒害。

由于高氮强碱的抑制，硝化作用延缓，使亚硝酸暂时积累，当达到一定浓度时，对种子和幼苗也有毒害作用。

如果尿素中缩二脲的含量超标，也会烧籽烧苗。复合肥生产工艺中如高塔熔融喷浆造粒工艺，高温时间持续过长，可能会产生缩二脲，而缩二脲则会导致农作物烧苗、烧根，造成肥害。

（3）白磷肥 肥料级磷酸氢钙（$CaHPO_4 \cdot 2H_2O$），俗称白肥，有效磷（P_2O_5）23%，水溶率在 40% 左右，溶于弱酸。

磷肥生产过程中采用受污染的废硫酸而引入三氯乙醛和三氯乙酸毒害物质。使作物生长紊乱，破坏作物细胞原生质的极性结构，影响细胞的正常分裂而形成病态组织，破坏作物的生长点，影响叶绿素合成，对作物造成不同程度的危害。

猕猴桃轻度受害时，叶片卷曲萎缩，分蘖丛生，叶尖出现褐色坏死的条斑；受害重的，条斑由叶尖向叶中部和基部发展，分蘖减少或停止，根系非正常粗短，甚至腐烂发黑，终致全株死亡。

（4）氯化钾 与氯化铵副作用有相似之处。双氯化肥，即氯化钾和氯化铵同时使用，更要避免在忌氯作物和盐碱地上使用，其他作物在苗期也少用。氯过量主要的影响是降低水对植物的有效性。

（5）硫酸钾 硫酸钾吸湿性小，不易结块，物理性状良好，施用方便，是很好的水溶性钾肥。

第一，在酸性土壤中，多余的硫酸根会使土壤酸性加重，甚至加剧土壤中活性铝、铁对作物的毒害。在淹水条件下,过多的硫酸根会被还原生成硫化氢,使根受害变黑。所以,长期用硫酸钾要与农家肥、碱性磷肥和石灰配合,降低酸性,在实践中还应结合排水晒田措施,改善通气。第二,在石灰性土壤中,硫酸根与土壤中钙离子生产不易溶解的硫酸钙(石膏)。硫酸钙过多会造成土壤板结,此时应重视增施农家肥。

2)外部因素

(1)光照　长期处于弱光照条件下,植物无法正常进行光合作用,会使收获期延迟,产量下降。

(2)温度　温度影响非常明显,冻害使农作物产量受损。

(3)水分　干旱更是造成肥害的典型;淹水则会造成根系呼吸困难,严重的会使植物窒息死亡。

(4)气体　棚室内容易二氧化碳不足,直接影响作物的生长发育,因此通风非常重要。

(5)人　管理不善。

①施肥方法不当:肥料过于集中或肥块太大。复合肥中的氮素性质活泼,高氮高浓度的复合肥中大多数为脲基态氮,都是水溶性速效的。如果集中施肥太浅或太多,会造成幼苗烧苗的危险。

②距离根系太近:根系附近土壤溶液浓度大,根系下扎、吸水困难。

③土壤水分不足:肥料相对浓度提高,导致烧苗。

本该深施的肥料浅施或表施。(据中国农业科学院土壤肥料研究所同位素跟踪试验证明,碳酸氢铵、尿素深施地表以下 6～10 cm 的土层中,比表面撒施氮的利用率可分别由 27% 和 37% 提高到 58% 和 50%,深施比表施其利用率相对提高 115% 和 35%。)

> **特别提示**　我们进行猕猴桃标准化生产的核心是培育健康肥沃的土壤,只有这样树体才能健康生长,才能提高产量与质量,才能提高树体的抗病虫害的能力。巴西环境部前部长何塞·卢岑贝格说:"与其消灭病虫害,不如提高作物的健壮生长。"只要我们给猕猴桃提供一个健壮生长的家,就能提高猕猴桃的抗病抗灾能力,而不是研究如何用化学药物来防治和消灭病虫害。

八、新西兰猕猴桃栽培技术

世界上猕猴桃栽培技术水平最高的是南半球的新西兰和北半球的韩国济州岛，它们具有得天独厚的土壤优势：火山灰土壤。

新西兰土壤的有机质含量达到 7%～10%，腐殖质含量高，保肥保水，猕猴桃根系可以深达地下 1 m。我国种植猕猴桃的土壤有机质含量普遍为 0.5% 左右，根系分布范围在表层 20～40 cm，这是导致树势强弱差别的根本原因。

新西兰猕猴桃栽培优势在于：

1. 基础扎实　道路、灌溉、架材设施过硬。

2. 枝条管理科学　长放、向上生长，轮换结果。

3. 人工微生态环境　20 亩为单元的防护林系统，防护林与果园之间有 3～4 m 的缓冲空间，用作观光、运输等，解决了防护林根系争肥和遮光问题。

4. 定干摘心位置　在地面 1.4 m 位置。这个位置摘心后，主蔓具有较强的顶端优势，主蔓生长会更旺盛。而国内大部分产区离架面 15 cm 左右摘心分枝，分枝后立即水平绑缚，严重削弱主蔓的生长。

5. 果园大棚架栽培　隔行隔年结果设计，结果母枝可以来回弯曲绑缚，另外一行结果后实行重剪，第二年只长枝条，不结果。

新西兰猕猴桃生产中的土壤管理技术

新西兰是火山灰土壤，富含各种矿质元素，质地疏松透气，蓄肥保水性良好，是难得的猕猴桃生长的理想土壤。新西兰猕猴桃之所以称雄世界，与其猕猴桃生长土壤是密不可分的。他们的土壤管理还是有值得我们学习的地方。新西兰所有猕猴桃园均采用生草制，一年四季从不耕翻土壤。大部分园是大棚架，无论是种草还是自然生草，由于光照不足，大都长不高，因而不用管理，任其生长。"T"形架在透光带的草比较高，用割草机适当刈割。施肥每年2~4次，主要是有机复合肥，呈颗粒状，用施肥机械打眼窝施。另外就是施骨粉，新西兰牧业是主要产业，饮食以肉为主，因而动物骨头原料十分充裕。骨粉除了含大量的钙元素外，还添加了其他有益元素。新西兰为了保护环境，从不直接施用有杂菌和有气味的有机肥，所用肥料基本是经过处理的富含有机质和多种元素的复合肥，既保护了土壤有益微生物，又满足了猕猴桃对各种营养元素的需求。每年冬剪的猕猴桃枝条，全部粉碎还田。由于十分重视土壤管理，重点是土壤原生态的保护，突出土壤有机质的补给，因而猕猴桃生长良好。

附录

优质猕猴桃生产关键技术周年操作规范

月份	物候期	农事要点	技术操作要点
1~2月	休眠期	①冬剪绑枝 ②采集接穗 ③冬季清园 ④整修架材 ⑤嫁接苗木 ⑥防治病虫害 ⑦冬灌、春灌	①冬季修剪和绑枝：从12月20日开始至翌年1月20日结束。树形采用单主干上架，双主蔓整形，冬剪采用短截、疏枝、回缩相结合。结果母枝及预备枝选定后，其他枝全部疏除。冬剪的同时，将所保留的枝条均匀分散固定在架面上 ②采集接穗：结合成龄树冬剪，选取品种优良、健壮无病、组织充实、芽苞饱满的发育枝作接穗，为嫁接做准备。并将把接穗整捆做标记，标明品种、雌、雄记号，埋于阴凉处湿沙中保存 ③结合冬剪，剪除病残体，刮除病灶、老泡皮、虫卵，并及时清扫落叶、落果，进行深埋或集中烧毁 ④及时整修架材，一年生树拉齐十字丝，二年生树拉齐二道纵丝，三年生以上树拉齐棚架丝 ⑤在惊蛰前半月至伤流期前进行嫁接 ⑥冬剪后、萌芽前，全园喷3~5波美度石硫合剂 ⑦在大冻前或解冻后，干旱时要及时浇水预防冻害
3月	萌芽期	①施萌芽肥 ②浇萌芽水 ③完善基础配套 ④预防溃疡病 ⑤间作套种 ⑥整修垄畦 ⑦广积农家肥	①施萌芽肥：本次追肥以速效氮肥为主，并加入一定量磷钾肥，成龄园每株0.5 kg高氮复合肥，沿根系围开环状沟施，或在树冠投影范围内撒施，浅锄10 cm覆盖。追肥后及时浇水 ②继续做好拉丝配套工作，落实好灌溉及排涝设施 ③对当年新建园子，扒开一部分防冻土，至清明后防冻土全部扒开，嫁接部位要露出地面 ④预防溃疡病：及时刮除、控制小病斑，用400倍45%代森铵水剂或700倍20%噻菌铜悬浮剂交替涂抹主干及嫁接部位2~3次 ⑤及早安排、指导、落实好间作套种 ⑥整修垄畦：幼树垄畦宽度1.5 m，挂果基地垄畦宽度4 m ⑦堆沤农家肥，为秋季基肥做准备

月份	物候期	农事要点	技术操作要点
4月	展叶期、新梢生长期、现蕾期	①夏剪 ②疏蕾 ③浇水 ④树行（盘）覆草 ⑤叶面喷肥 ⑥中耕除草 ⑦防治病虫害 ⑧嫁接树管理	①从芽刚萌发开始抹去着生位置不当的芽、双生芽、发育不全芽。在能看清花蕾时定枝，即疏去过密枝、弱枝、病虫枝、外围发育枝，在结果母枝上每隔15~20 cm保留一个新梢，对成龄树的外围枝条新梢生长20 cm及时摘心 ②疏蕾：1~3年幼树要疏去花蕾，不让过早结果，形成小老树。对结果树，在1个花序上，有3个花蕾的要疏去两边副花蕾，只留中间1个大蕾；在1个结果母枝上，花蕾过多，要疏去基部花蕾和梢部花蕾，使长果枝留蕾5~6个，中果枝留4~5个花蕾，短果枝仅留1~2个花蕾。丛状花蕾及弱枝花蕾一律疏掉 ③因本月新梢生长迅速，花蕾膨大快，干旱时一定要及时浇水 ④树行覆草：4月下旬在夏季高温到来之前，把麦秸、麦糠、玉米秆等覆盖在树下，厚度20 cm左右，上面压少量土，可以保湿、降温、增加土壤有机质含量 ⑤开花前10~15天进行1次叶面喷肥快速补充营养元素 ⑥此时是去除越冬杂草的良好时机，既可松土保墒，又可使越冬杂草不能形成种子 ⑦继续防治溃疡病，地下害虫蛴螬和根结线虫，用阿维菌素、噻唑膦颗粒剂撒施树盘，施后用耙子浅搂 ⑧嫁接树管理：对嫁接树首先要保湿确保成活，另外，及时抹芽、引绑，嫁接未成活的重新留新枝，早摘心进行补接
5~6月	开花期、果实膨大期	①人工授粉 ②疏果 ③施肥、浇水 ④夏剪 ⑤病虫害防治 ⑥叶面喷肥 ⑦雄树修剪 ⑧果实套袋 ⑨中耕除草	①人工授粉：主要采取手工授粉及机械授粉，蜜蜂授粉作为辅助。其中花粉采集相当重要，要在5:00~8:00在雄株上采集即将开放或刚刚开放的雄花，再摘下花药，散出花粉，收集保存备用 ②疏果：疏果在落花后10天左右开始，首先疏去受粉不良的畸形果、扁平果、小果、病虫果、擦伤果，另外疏去过多的果，使生长健壮的长果枝留4~5个果，中果枝留2~3个果，短果枝只留1个果，同时注意控制全树留果量 ③追施果实膨大：要求追施两次肥——花后肥和果实膨大肥，落花后开始施肥。大树每株追施氮、磷、钾平衡复合肥0.5~0.75 kg，施肥方法可采用环状沟施或全园撒施，追肥后浇足果实膨大水 ④夏剪：疏枝一般从5月下旬开始，只宜在旺树上进行，就是在主蔓和结果母枝附近留足下年的预备枝，疏除结果母枝上多余的枝条，以及未结果下年不使用的发育枝、细弱枝、病虫枝等，使枝间距保持在20 cm，树冠透光率达30%。摘心一般在6月上中旬大多数中短枝已经停止生长开始，主要是对未停止生长、顶端开始弯曲缠绕的枝条进行轻摘心

月份	物候期	农事要点	技术操作要点
5~6月	开花期、果实膨大期	①人工授粉 ②疏果 ③施肥、浇水 ④夏剪 ⑤病虫害防治 ⑥叶面喷肥 ⑦雄树修剪 ⑧果实套袋 ⑨中耕除草	⑤病虫害防治：从5月下旬开始，结合叶面喷肥，加入3 000倍的2.5%三氟氯氰菊酯乳油，或1 000倍的90%敌百虫晶体，每隔15天喷打1次，连续喷打2~3次，可防治东方小薪甲及其他害虫危害幼果 ⑥叶面喷肥：5月中旬至8月，开花后每隔2周喷一次叶面肥，叶面肥喷不得少于5次，注意叶面浓度和避开中午高温天，避免污染果面，防止肥害 ⑦雄树修剪：花后选留健壮的发育枝及当年强壮花枝，作为下年开花母枝培养，并进行短截。迅速疏除、回缩衰老枝、外围枝、弱枝、无用枝 ⑧果实套袋：时间6为月下旬至7月上旬，果袋要选用优质袋，套袋前要喷打一次无公害杀菌、杀虫剂以及钙肥 ⑨高温季节杂草生长迅速，要及时中耕除草，也可采用生草制栽培，但杂草高度不能超过20 cm，要及时刈割
7~9月	果实、新梢生长期	①灌溉与覆盖 ②排涝防浸 ③高接换种 ④病虫害防治 ⑤追优果肥 ⑥溃疡病防治 ⑦新基地规划	①灌溉：高温干旱月份要及时浇水，确保果实、枝条、叶片正常生长 ②排涝防浸：猕猴桃怕涝，要及时清沟排水 ③高接换种：6月底7月初利用当年硬化枝作接穗进行高接换种 ④病虫害防治：高温高湿易引发病虫害，应选用甲基硫菌灵、代森锰锌、菌毒清、农用链霉素、农抗120、多菌灵、吡虫啉、聚酯类农药，结合叶面喷肥进行交替喷洒预防病虫害。用70%琥·乙膦铝可湿性粉剂500倍液或4%农抗120水剂200倍液灌根，预防根腐病发生 ⑤追优果肥：采果前两月追施优果肥，以高钾复合肥为主，采前1个月不使用氮肥和农药 ⑥溃疡病防治：同病虫害防治 ⑦新基地规划：要按照各地分配任务做好选址规划和土地流转工作，进行水泥杆预制
10~12月	果实成熟采收期、落叶期	①适时采收 ②科学采摘 ③叶面喷肥及病虫害防治 ④深翻、垦覆 ⑤追施基肥 ⑥冬剪 ⑦涂白 ⑧幼园规范套种 ⑨新基地建设	①适时采收：果实可溶性固形物含量必须达到6.5%~7.5%才能采收 ②科学采摘：有露水和雨天不能采摘，采摘时要剪指甲、戴手套，轻拿轻放，筐内有铺垫物。要分级采摘，采摘的果实要在24小时内入库 ③采果后要立即进行叶面喷肥及病虫害防治，延长叶片功能期 ④深翻、垦覆：对幼树栽后第一年从栽植穴的边沿外深翻宽50 cm，深50 cm，下一年从上一年深翻的边沿向外扩展深翻，确保3年内全园深翻一遍。挂果基地垦覆以树根颈部为中心，由里向外，由浅到深，深度达15~40 cm。深翻、垦覆不要伤及3 mm以上直径的根 ⑤追施基肥：采果后及早进行，以腐熟农家肥为主，化肥为辅，结合深翻、垦覆，采果后幼树每株施农家肥

月份	物候期	农事要点	技术操作要点
10~12月	果实成熟采收期、落叶期	①适时采收 ②科学采摘 ③叶面喷肥及病虫害防治 ④深翻、垦覆 ⑤追施基肥 ⑥冬剪 ⑦涂白 ⑧幼园规范套种 ⑨新基地建设	20 kg，另加速效氮、磷、钾化肥 0.25 kg，成龄园每株施农家肥 50 kg，另加磷肥 1 kg，钾肥 0.25 kg，氮肥 0.25 kg，以及适量的微量元素 ⑥冬剪：落叶 10 天后开始冬剪 ⑦涂白：涂白剂的配制方法是水 10 份，硫黄粉 0.5 份，生石灰块 3 份，食盐 0.3 份，动、植物油和面粉各 0.2 份。用大部分水先将生石灰块化开，用剩余少量水把硫黄等其他物品调成乳状物，把乳状物倒入石灰水中搅拌均匀即可涂刷。树干基部和嫁接部都要刷到 ⑧猕猴桃幼园严禁套种小麦 ⑨新基地建设：要按各地分配任务及要求抓好各项工作落实，12 月下旬全面完成新基地建设任务

猕猴桃施肥歌

要想果树长得好，培肥地力要记牢。

土壤肥沃又疏松，质量产量一定增。

头次施肥要施全，果实采收落叶前。

有机肥料要为主，无机肥料作为辅。

二次施肥莫迟延，三月之初要施完。

氮肥为主促生长，磷钾配合须跟上。

三次施肥五六七，果实膨大关键期。

磷钾为主氮少用，还需钙铁锌镁硼。

要想叶果长得肥，叶面喷肥四五回。

杀虫杀菌都对上，病菌害虫一扫光。

果树一生肥当家，缺水肥效难发挥。

施足肥来浇足水，保管果树长得美。

主要参考文献

［1］ 河南省市场监督管理局.地理标志产品：西峡猕猴桃：DB 41/T 823—2022[S].
[2022-03-01].

［2］ 黄宏文，等.猕猴桃属：分类 资源 驯化 栽培 [M].北京：科学出版社，2013.

［3］ WARRINGTON I J,WESTON G C. Kiwifruit science and management[J]. New
Zealand: New Zealand Society for Horticultural Science，1990.

［4］ 六盘水市市场监督管理局.六盘市猕猴桃生产技术标准体系:（三）猕猴桃苗木
质量标准: DB 5202/T 003—2018[S]. [2018-09-12].

［5］ 钟彩虹，等.猕猴桃栽培理论与生产技术 [M].北京：科学出版社，2020.

［6］ 齐秀娟.猕猴桃果园周年管理图解：第 2 版 [M].北京：化学工业出版社，2022.

［7］ 钟彩虹，陈美艳.猕猴桃生产精细管理十二个月 [M].北京：中国农业出版社，
2020.

［8］ 方金豹.中国果树科学与实践·猕猴桃 [M].西安：陕西科学技术出版社，2021.